AF356390

PLANTES INDUSTRIELLES

—

LES PLANTES OLÉAGINEUSES

Paris. — Imprimerie de Cusset et Cᵉ, rue Racine, 26.

BIBLIOTHÈQUE DU CULTIVATEUR
PUBLIÉE
AVEC LE CONCOURS DU MINISTRE DE L'AGRICULTURE

LES PLANTES INDUSTRIELLES

LES

PLANTES OLÉAGINEUSES

(COLZA, NAVETTE, PAVOT-ŒILLETTE, CAMELINE, RICIN,
ARACHIDE, SÉSAME, SOLEIL OU TOURNESOL, etc.)

PAR

GUSTAVE HEUZÉ

MEMBRE DE LA SOCIÉTÉ IMPÉRIALE ET CENTRALE D'AGRICULTURE DE FRANCE
ADJOINT A L'INSPECTION GÉNÉRALE DE L'AGRICULTURE

DEUXIÈME ÉDITION

PARIS

LIBRAIRIE AGRICOLE DE LA MAISON RUSTIQUE
26, RUE JACOB, 26

LES

PLANTES OLÉAGINEUSES

Les végétaux qui appartiennent à la classe qui comprend les *plantes oléagineuses*, ou *plantes oléifères*, ont des semences qui fournissent par extraction de l'huile comestible ou industrielle.

Les principales plantes oléifères sont au nombre de vingt savoir :

1.	Colza.	11.	Madia.
2.	Navette.	12.	Radis oléifère.
3.	Rutabaga.	13.	Moutarde.
4.	Julienne.	14.	Chanvre.
5.	Pavot.	15.	Lin.
6.	Cameline.	16.	Coton.
7.	Ricin.	17.	Citrouille.
8.	Arachide.	18.	Olivier.
9.	Sésame.	19.	Noyer.
10.	Soleil.	20.	Palmier.

Je n'examinerai dans ce volume que les végétaux herbacés.

En étudiant le chanvre, le lin et le coton comme *plantes textiles* ou *filamenteuses*, je ferai connaître les produits en huile que fournissent leurs graines ; je mentionnerai la culture de la moutarde dans le livre ayant pour titre : *Les plantes économiques.*

J'ai indiqué dans les *plantes fourragères*, la quantité d'huile que contiennent les semences de citrouille.

Je n'ai pas jugé utile de traiter de l'extraction des huiles que renferment les graines oléagineuses. Je renvoie le lecteur aux ouvrages spéciaux et dans lesquels les divers appareils nécessaires à cette industrie ont été décrits avec soin.

Les résidus des graines qui ont été ainsi traitées sont connus sous les noms de *trouilles* ou *tourteaux.* On les donne au bétail comme aliments, ou on les utilise dans la fertilisation des terres comme matières fertilisantes.

CHAPITRE PREMIER

PLANTES BISANNUELLES

SECTION I

Colza d'hiver

BRASSICA OLEIFERA, D. C.   BRASSICA ARVENSIS, T.
BRASSICA OLERACEA, Lam.   BRASSICA CAMPESTRIS, L.

(De *bressic*, nom celtique du chou.)

Plante dicotylédone de la famille des Crucifères.

Anglais. — Rape, cole-seed.   *Hollandais.* — Koolzaad.
Allemand. — Raps.   *Polonais.* — Rzepak.
Italien. — Colza.   *Portugais.* — Colsa.

Historique. — Climat. — Végétation. — Composition. — Variétés.
— Sol : nature, préparation, fertilité. — Quantité d'engrais à appliquer. — Semis : époque ; semis en place : préparation du sol, exécution des semis à la volée et en lignes ; semis en pépinière : préparation du sol, exécution des semis en plein et en rayons ; quantité de graines, trempage et germination des graines ; espacement des lignes. — Étendue de la pépinière. — Propagation par boutures. — Transplantation : époque, préparation du sol, arrachage et qualités des plants, exécution de la plantation : au plantoir simple, au plantoir double, à la béquille, à la bêche et à la charrue. — Espacement des lignes et des plants. — Opérations qui suivent la mise en place : palotage, purinage. — Soins d'entretien : éclaircissage, binage à bras et à la houe à cheval et buttage. Écimage. — Insectes et oiseaux nuisibles. — Maladie. — Maturité. — Récolte : coupe des tiges, javelage et battage sur place et à la grange. — Nécessité de rentrer les graines avec des siliques. — Nettoyage et conservation des graines. — Rapport de la paille et des siliques à la semence. — Poids de l'hectolitre. — Rendement en graines, en paille. — Usage des graines, des siliques et de la paille. — Quantité d'huile et de tourteau par 100 kil.

de graines. — Valeur de la graine et du tourteau. — Prix de revient. — Bibliographie.

Historique. — Le colza est cultivé depuis longtemps en Allemagne et en Flandre. Il y a un siècle, il n'était pas connu dans les autres parties de la France comme plante oléagineuse. L'ouvrage de Duhamel, publié en 1762, ne le mentionne pas. En 1774, Rozier a publié un mémoire sur la meilleure manière de le cultiver et d'extraire l'huile que contient sa graine. Cet ouvrage a beaucoup contribué à sa propagation.

D'après Dupuy-Demporte, on ne cultivait, en Flandre, en 1762, que le *colza de mars*, auquel on donnait le nom de *colza chaud*. C'était seulement aux environs de Lille qu'on rencontrait le *colza d'hiver*, que l'on nommait alors *colza froid*.

En 1788, on cultivait dans la plaine de Lille trois variétés de colza : 1° le *colza chaud*, qui avait une fleur jaune ; 2° le *colza froid*, dont la tige était plus élevée et plus forte et qui avait aussi une fleur jaune ; 3° le *colza à fleur blanche*, variété qui avait été introduite en Flandre en 1758. Alors on reprochait à la première et à la troisième variété d'avoir des ramifications presque à fleur de terre. Ces deux variétés étaient du reste peu cultivées. En 1797, les cultivateurs belges donnaient la préférence au *colza chaud*.

D'après un mémoire publié en 1770, le *colza chaud* mûrissait quinze jours plus tôt que le *colza froid*. Le premier arrivait à maturité à la Saint-Jean.

En 1818, la culture de cette plante était déjà répandue en Angleterre, en Lombardie, dans les États de Venise et dans plusieurs anciennes provinces de la région septentrionale de la France.

Cette crucifère couvre annuellement, de nos jours, des surfaces étendues dans les départements du Nord, de l'Est, du Centre et de l'Ouest. Depuis quelques années, on la cultive dans plusieurs localités de la région du Sud-Ouest et du Sud-Est.

Les départements qui possèdent les plus grandes cultures de colza sont : le Nord, le Pas-de-Calais, le Calvados, la Somme, la Seine-Inférieure et Seine-et-Oise.

En 1840, le colza occupait en France 173,506 hectares, et il produisait 2,279,362 hectolitres ayant une valeur de 51,126,700 fr. Cette production, quoique très-élevée, ne suffit pas aux besoins du commerce. En 1855, on a importé de l'Allemagne et d'Angleterre, 23,331 hectolitres de graines.

Le mot colza vient de *kool-zaat*, nom flamand qui signifie graine de chou.

Climat. — Le colza demande un climat tempéré. Il redoute les longues sécheresses et les chaleurs brûlantes lorsqu'il arrive à maturité. C'est pour ces causes qu'il occupe annuellement une faible surface dans le Midi.

En outre, dans les contrées du Nord, il craint aussi, s'il végète sur des sols humides, les gelées et les dégels successifs. Enfin, lorsqu'il est en fleur, les froids tardifs et intenses et les transitions brusques de température, lui sont souvent très-nuisibles.

Végétation.—Cette crucifère (fig. 1 et 2) a une

Fig. 1. — Colza ordinaire, en fleur.

Fig. 2. — Colza ordinaire, en graines.

racine ramifiée, forte et pivotante, une tige rameuse,
glabre, glauque et haute de 1^m à $1^m,50$; ses feuilles
sont glabres et glaucescentes : les radicales sont pétiolées et découpées en lyre ; les caulinaires sont sessiles, lancéolées et entières ; ses fleurs, jaunes, forment une grappe lâche ; ses siliques (fig. 3) sont

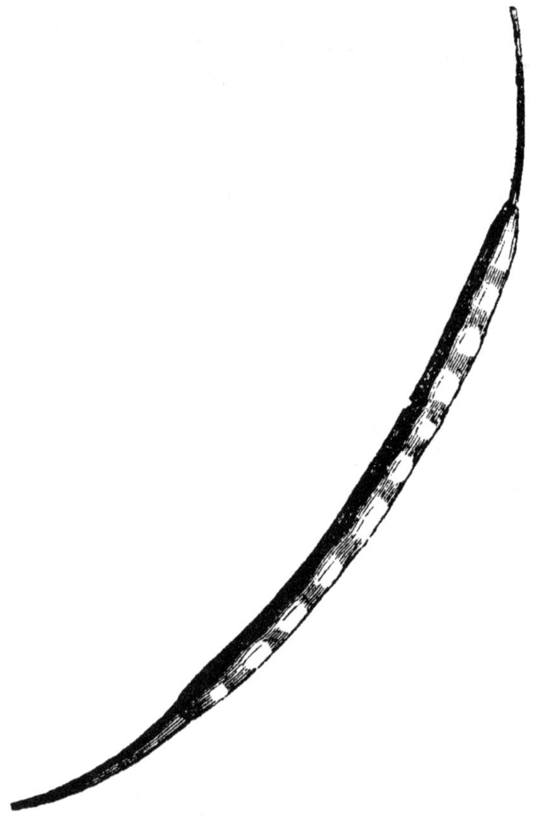

Fig. 3. — Silique du colza ordinaire.

bosselées, terminées par une pointe presque quadrangulaire à la base et à deux valves convexes.
Quant aux graines, elles sont globuleuses et noires

lorsqu'elles sont complétement mûres, et leur albumen jaune foncé renferme de nombreuses gouttelettes d'huile.

Cette plante, d'après M. Rouchet, croît spontanément sur les côtes de la Normandie.

Suivant M. de Gasparin, le colza d'hiver exige pour mûrir 1700 à 1800° de chaleur totale, après le renouvellement de la végétation printanière.

Composition. — La paille du colza est riche en soude et en carbonate et hydrochlorate de chaux. A l'état normal, elle contient, d'après M. Boussingault :

> Eau. 12,80
> Azote. 0,75

La graine renferme beaucoup de potasse et une proportion assez forte de phosphate de chaux. Elle contient, à l'état normal :

> Eau. 0,10
> Azote. 3,31

Quand elle a été bien récoltée, elle donne en moyenne 30 p. 100 d'huile.

Voici deux analyses complètes faites par Ramelsberg :

	Graines.	Paille.
Potasse.	25,18	8,13
Soude.	»	19,32
Chaux.	12,91	20,01
Magnésie.	11,39	2,56
Peroxyde de fer.	0,52	2,56
Acide phosphorique.	45,95	4,76
— sulfurique.	0,53	7,60
— carbonique.	2,30	16,31
— chlorhydrique.	0,11	17,91
Silice.	1,11	0,84
	100,00	100,00

Ces analyses démontrent la nécessité de cultiver le colza sur des terres contenant des sels alcalins.

Variétés. — On cultive aujourd'hui plusieurs variétés du colza d'hiver.

1° *Colza parapluie.* — Cette variété (fig. 4) que l'on appelle quelquefois *colza parasol*, a des siliques retombantes qui lui permettent de mieux supporter les pluies violentes qui surviennent à l'époque de la maturité des graines; en outre, elle est productive et moins sujette à s'égrener que le colza ordinaire. Elle est répandue en Normandie; aux environs de Caen, on l'appelle *colza à rabat*. Nonobstant, on doit choisir avec soin les porte-graines, car elle a une grande tendance à dégénérer.

On croit généralement que les graines du *colza parapluie* contiennent moins d'huile que les semences du *colza ordinaire*. Cette opinion n'est pas exacte. M. Bénard, pharmacien à Amiens, a constaté que 100 kil. de chaque variété contenaient :

Colza parapluie. . . . . 37^k,800 d'huile.
— ordinaire. . . . . 37^k,150 —

Ces résultats démontrent la faute que commettent les fabricants d'huile lorsqu'ils refusent d'acheter les graines du *colza parapluie* au prix de la cote commerciale.

2° *Colza à fleur blanche.*—Cette variété a été importée d'Allemagne en Flandre en 1758 et 1759. On la cultive dans les départements du Nord et de l'Aisne, mais plusieurs cultivateurs l'ont abandonnée parce que sa graine est souvent rougeâtre et plus petite que la semence du colza ordinaire. Elle est aussi

Fig. 4. — Colza parapluie.

plus tardive, plus exigeante plus difficile à battre, mais moins exposée à s'égrener.

Terrain. — A. NATURE. — Le colza demande de préférence, comme la plupart des espèces du genre chou, un sol un peu argileux, profond et frais, c'est-à-dire des terres silico-argileuses, argilo-calcaires, à sous-sols perméables, dites *bonnes terres à froment*. Il redoute beaucoup, surtout pendant les temps de gelée, les sols humides, les terrains à sous-sols imperméables. Cultivé sur des sols sains, il supporte sans souffrir 10 à 12° de froid. Lorsque la neige l'abrite sur un tel terrain, il résiste très-bien aux froids de 15 à 18 degrés.

Il est utile que la couche arable reste un peu fraîche pendant les mois de mai et de juin.

Le colza ne réussit bien sur les terres légères, graveleuses ou caillouteuses, que lorsqu'elles sont fertiles ou qu'elles ont été marnées ou chaulées et bien fumées.

B. PRÉPARATION. — Cette crucifère réclame un sol très-bien préparé. Selon la plante qui la précède, on donne à la couche arable deux ou trois labours, plusieurs roulages et hersages. Quelquefois, on fait précéder le premier labour par un déchaumage exécuté au moyen d'un extirpateur ou d'un scarificateur. Cette opération a l'avantage d'ameublir superficiellement la terre et de déraciner les plantes indigènes à racines vivaces sans les enterrer. Lorsque celles-ci sont sèches, on les rassemble à l'aide d'une herse ou d'un râteau à cheval, et on les incinère afin qu'elles ne végètent pas de nouveau en infestant encore le sol.

En résumé, la terre consacrée à la culture du colza doit avoir été parfaitement ameublie et débarrassée des plantes nuisibles auxquelles elle a donné naissance.

Lorsque la couche arable est saine, perméable, on la laboure à plat ou en grandes planches. Quand, au contraire, elle est humide ou qu'elle repose sur un sous-sol imperméable, on doit la labourer en petites planches ou en larges billons. En Flandre, le sol qu'on destine au colza est labouré en planches ayant trois mètres de largeur.

C. FERTILITÉ. — Le colza exige une terre riche et abondamment fumée. Cette fécondité est indispensable parce qu'il est très-épuisant. Il produit peu lorsque les terres sont encore dans la période fourragère. Ordinairement on ne le cultive que sur les terrains appartenant à la période céréale ou industrielle.

On peut le cultiver avec avantage sur des prairies naturelles ou artificielles nouvellement défrichées, sur des fonds d'étangs ou de marais non graveleux et assainis ou sur des terrains argileux conquis sur la mer.

Quantité d'engrais à appliquer.—Le colza est très-épuisant, probablement parce que ses feuilles, à cause de l'enduit cireux qui couvre leur page supérieure, empruntent peu de parties alimentaires à l'atmosphère.

D'après M. de Gasparin, il faut appliquer, par chaque 100 kil. de graine que le sol peut fournir, 2,870 kil. de bon fumier de ferme. Ainsi, pour obtenir une récolte de 25 hectolitres, ou 1700 kil. de graines par hectare, il faudrait fumer la terre à raison de 48,500 kil. Cette quantité de fumier n'est pas celle que la pratique applique ordinairement, quoiqu'un excès d'engrais ne nuise pas au colza.

Crud a indiqué 1,328 kil., et de Woght 1,421 kil. de fumier. Ces quantités sont encore trop élevées.

La fumure qu'il est nécessaire d'enfouir sur un hectare est de 1,040 kil. par chaque 100 kil. de graines, ou 720 kil. par chaque hectolitre qu'on espère récolter.

A Grignon, où l'on applique pour les deux soles qui terminent la rotation, 30,000 kil. de fumier par hectare, on obtient en moyenne sur la même superficie :

Colza. . .	24 hectolitres qui absorbent	17^k,600 de fumier.	
Froment.	25 —	—	11^k,100 —
		Total.	28^k,700

Ainsi, une fumure de 30,000 kilog. suffit complétement aux besoins du colza et du froment, lorsque sur des terrains bien cultivés et de bonne qualité on demande à ces plantes des récoltes ordinaires.

En Flandre, le colza est souvent précédé par une fumure de 30,000 kilog. de fumier d'étable ou par l'application de 170 hectolitres d'engrais flamand. Cet engrais liquide a pour équivalent 1,200 kilog. de tourteau ou 400 kilog. de guano ; on le remplace souvent par 150 hectolitres de purin contenant en dissolution ou suspension 150 à 200 kilog. de tourteaux.

L'un des assolements adoptés à Roville se terminait aussi par un colza et un blé pour lesquels on appliquait seulement 16,000 kil. de fumier à l'hectare.

Voici les produits moyens que Mathieu de Dombasle
a obtenus de 1825 à 1835 :

	hect.			
Colza. . . .	12,78	qui absorbaient	9,200 kil. de fumier.
Froment. . .	14,32	—	6,400 —	—
	Total.		15,600 kil.	

C'est donc à la faible fumure appliquée à Roville
qu'il faut attribuer les produits très-ordinaires obtenus par ce célèbre agriculteur.

En résumé, d'après ce qui précède, 100 kil. de
fumier produisent environ 10 kil. de graines.

Semis. — Le colza se sème *en place* ou *en pépinière.*

Autrefois, on exécutait de préférence les semis en
place ; aujourd'hui on a renoncé, sur beaucoup
d'exploitations, à ce mode de culture, quoiqu'il soit
le plus simple et le plus économique. On a reconnu
que, pour le pratiquer, il fallait faire précéder le colza
par une récolte fourragère pouvant être fauchée ou
pâturée sur place au mois de juin, ou au plus tard
vers la mi-juillet. Lorsque le colza suit un froment
d'hiver ou une céréale de mars, on est forcé d'adopter les semis en pépinière, puisque la terre ne devient
libre qu'au mois d'août, époque trop tardive pour
que les semis en place puissent être exécutés d'une
manière convenable.

En général, les plants provenant de pépinières
bien faites, résistent mieux aux gelées et produisent
davantage que les colzas semés en place.

Les semis en place et à la volée sont ceux que l'on
suit encore en Alsace.

A. Epoque. — Dans le Nord, le Centre et l'Est, les semis se font vers la fin de juillet ou dans la première quinzaine d'août; dans la région du Sud-Ouest on les exécute du 15 août à la mi-septembre. Dans l'Ouest, on les pratique en juin lorsqu'on répand les graines sur des terres ensemencées en sarrasin ou blé noir.

Dans les contrées du Nord, on ne doit pas les exécuter après le 15 août ou, au plus tard, avant la fin de ce mois, à moins qu'il ne soit question de semis en place faits sur des sols riches. Ordinairement, on profite des pluies qui surviennent à l'époque de la canicule ou dans la première quinzaine d'août. On ne doit pas non plus les pratiquer avant la mi-juillet, parce qu'alors on est exposé à voir fleurir un grand nombre de pieds avant l'hiver.

Ainsi, en semant trop tôt, les plantes peuvent être trop développées à l'époque de la plantation; en semant trop tard, on court le risque d'avoir à cette époque des plantes trop faibles pour résister aux froids rigoureux de l'hiver.

C. Semis en place. — *1° Préparation du sol.* — Lorsque le sol sur lequel le semis doit être fait est libre, on donne un labour et un hersage, on conduit le fumier et on l'enterre par un second labour. Avant d'exécuter le semis, on roule et on herse, afin que la superficie du sol soit aussi meuble que possible. Quand on remplace le fumier par un engrais pulvérulent, on répand celui-ci sur le dernier labour, et on l'incorpore au sol par un hersage, ou un léger coup de scarificateur.

Il est utile de bien exécuter cette préparation, afin

que la couche arable soit parfaitement ameublie dans toute son épaisseur.

2° *Exécution des semis.* — Les semis en place se font de deux manières.

a. **A la volée.** — Pendant longtemps on semait de préférence le colza à la volée ; on croyait que ce mode d'ensemencement remédiait aux ravages des pucerons, et qu'il était économique. Aujourd'hui, on l'a presque complétement abandonné dans les environs de Paris, parce que, quoique simple en apparence, il est coûteux à cause de la difficulté que présentent les binages.

b. **En lignes.** — Les semis en lignes parallèles se font avec un *semoir à brouette* ou au moyen d'un *semoir à cheval.* Dans le premier cas on rayonne le sol et on couvre les graines avec une herse. Ce hersage est aussi nécessaire lorsque le semoir à cheval ne recouvre pas très-bien les graines qu'il répand.

Lorsqu'on prévoit une sécheresse après la semaille, on fait suivre le semoir ou la herse par un rouleau. Ce plombage, en concentrant plus de fraîcheur dans le sol, favorise la germination des graines.

C. Semis en pépinière. —1° *Préparation du sol.* — La terre que l'on consacre à une pépinière de colza doit être parfaitement préparée, c'est-à-dire très-bien divisée par des labours, roulages et hersages. On doit commencer cette préparation en juin.

En outre, il est nécessaire que la terre soit naturellement riche et fraîche, si cela est possible, et qu'elle ait été fertilisée avec des engrais appliqués dans une forte proportion, afin que les plantes trouvent dans le sol une suffisante quantité de substances alimentaires. On doit éviter, dans cette circonstance, d'employer des engrais qui manifestent leur action très-lentement. Ainsi il faut renoncer à appliquer des fumiers longs ou peu décomposés, des chiffons, des tourteaux, etc., et préférer à ces matières fertilisantes les *excréments de mouton* ou *le parcage*, *la poudrette*, les *engrais liquides*, le *tourteau*, le *guano*, *la chair de cheval desséchée*, etc., engrais qui agissent presque immédiatement après leur application.

2° *Exécution des semis.* — Ces semis se font aussi à la volée, en lignes, ou en rayons à deux ou trois reprises différentes, afin d'avoir en automne des plants à planter successivement.

a. **En plein.** — Le mode de semis le plus en usage consiste à répandre les graines à la volée et très-régulièrement. Cette semaille permet aux jeunes plantes de mieux résister à l'attaque des insectes et de se défendre de l'apparition des mauvaises herbes.

Lorsque le sol a été bien préparé et fumé, et que la germination des graines a été favorisée par une température à la fois chaude et humide, il n'est pas ordinairement nécessaire de pratiquer pendant le développement des plantes des sarclages ou des binages.

b. **En rayons.** — Les pépinières doivent être semées en lignes, lorsqu'elles sont établies sur des terrains peu fertiles, mal fumés, et sujets à être envahis par un grand nombre de mauvaises herbes. Alors on leur donne un ou deux sarclages et binages, afin que le sol soit propre, et que les plantes puissent végéter librement et rapidement.

D. QUANTITÉ DES GRAINES. — Lorsque les semis se

font en place, on répand par hectare : à la volée, 4 à 8 litres ; en lignes, 3 à 6 litres.

Un hectare de pépinière exige : à la volée, 8 à 10 litres, en lignes, 4 à 6 litres.

On doit éviter de semer trop dru, afin que les plantes ne s'étiolent pas, et pour éviter un ou deux éclaircissages.

E. TREMPAGE DES SEMENCES. — On a proposé de faire tremper les graines, pendant six heures environ, dans un mélange de suie et de sel marin, et de les saupoudrer ensuite de cendres de bois. On pensait que par ce moyen on rendrait la germination plus prompte, et que leurs cotylédons ne seraient pas ravagés par les altises. L'expérience a prouvé que ce moyen n'avait pas l'efficacité qu'on lui avait attribuée. C'est bien à tort qu'on a proposé de les couvrir d'huile et de les saupoudrer ensuite de plâtre en poudre.

F. GERMINATION DES GRAINES. — La graine de colza germe très-promptement. Quand il survient une pluie après la semaille, ou que celle-ci a été exécutée sur une terre encore fraîche, on voit ordinairement apparaître les cotylédons à la surface du sol au bout de six à huit jours.

Les cotylédons du colza ressemblent beaucoup à ceux du moutardon (SINAPIS ARVENSIS, L.) et de la ravenelle (RAPHANUS RAPHANISTRUM, L.).

G. ESPACEMENT DES LIGNES. — Les lignes des *semis en place* doivent être espacées de 0^m,30 à 0^m,45, suivant que les binages doivent être faits à bras ou à la houe à cheval.

Les lignes des *semis en pépinières* sont toujours écartées de 0^m,20 à 0^m,25.

Étendue de la pépinière. — Quelle est l'étendue que doit avoir une pépinière, eu égard à la surface qui doit être plantée?

La surface que les pépinières doivent avoir varie chaque année suivant la réussite des semis, la végétation des plantes et le nombre de pieds que l'on repique par hectare. Quand une pépinière a été établie sur un sol parfaitement préparé et bien fumé, et qu'elle est bien garnie de bons plants, elle fournit le nombre de pieds nécessaire pour planter une étendue de terrain cinq à six fois plus grande que la superficie qu'elle occupe. En pratique, on compte, afin de ne pas manquer de plants à l'époque du repiquage, qu'il faut un hectare de pépinière par cinq hectares consacrés à cette culture.

Propagation par boutures. — En Normandie, on propage quelquefois le colza par boutures. Celles-ci sont des pieds allongés privés de leurs racines. On coupe ces boutures avec la faux et on les enfonce dans le sol, sans l'aide du plantoir, jusqu'au collet. Leur reprise est presque toujours assurée; elle est complète de vingt à trente jours environ après leur mise en place. Alors on remarque à leur base un bourrelet d'où part une houppe épaisse de jeunes racines qui s'étendent dans plusieurs directions. Ce mode de propagation ne peut être avantageux que lorsque le colza est cultivé sur des terres riches et sur une faible étendue.

Ce genre de multiplication prouve qu'on ne doit pas rejeter, à l'époque de la transplantation, les bons plants privés de racines ou qui en ont fort peu, parce qu'ils ont été mal arrachés.

Transplantation. — La transplantation du colza a l'avantage d'éviter de faire précéder la culture de cette plante par une jachère ou un fourrage annuel. Il est vrai que ce mode de culture augmente les dépenses, mais il permet aux plants d'acquérir plus de rusticité et de donner de meilleurs produits. La robusticité des plantes provient du temps d'arrêt que l'on observe dans la végétation après la mise en place, et du plus grand nombre de ramifications que les plants présentent au printemps suivant. Les colzas qui proviennent de semis faits en place sont toujours, à conditions égales dans la nature et la fertilité de la terre, plus grêles, moins vigoureux et moins branchus.

A. Époque. — On exécute la transplantation vers la fin de septembre ou dans le courant d'octobre. Il faut éviter, dans les régions du Nord et de l'Est, de planter pendant le mois de novembre. On ne peut exécuter des repiquages aussi tardifs que dans les régions de l'Ouest et du Sud-Ouest.

B. Préparation du sol. — Lorsque la plantation doit avoir lieu sur un champ qui a supporté une céréale d'hiver ou de printemps, on *déchaume* au moyen d'un scarificateur, d'une charrue ordinaire ou d'un polysoc. Cette opération est faite dans le but : 1° d'ameublir le sol; 2° de déraciner les plantes à racines vivaces ; 3° de faciliter la germination des graines produites par les plantes nuisibles qui végétaient associées au blé. Si la couche arable était infestée de *chiendent* (triticum repens), d'*agrostis traçante* (agrostis stolonifera), il faudrait rassembler leurs tiges et leurs racines et les incinérer. On

exécute cette opération à l'aide d'une herse ordinaire, de la herse-Bataille, d'un scarificateur ou d'un
râteau à cheval.

Quand il s'est écoulé quelques semaines depuis le
moment où le labour de déchaumage a été pratiqué,
on herse le sol et on le laboure aussi profondément
que le permet l'épaisseur de la couche arable. Quinze
jours environ après cette dernière opération, on conduit le fumier et on l'enterre par un troisième labour.

Lorsque les terres sont propres et qu'elles sont
fertilisées par le parcage des bêtes à laine, on ne
donne souvent que deux labours.

Nonobstant, dans les deux cas, on ne doit pas faire
suivre le dernier labour par un hersage si la plantation doit être faite au plantoir.

Lorsque les terres sont perméables, on les laboure
à plat. Quand elles reposent sur un sous-sol imperméable, il faut les disposer en planches étroites.

Dans la Flandre, les planches ont $2^m,50$ à 3 mètres
de largeur, et parfois elles ont une forme un peu
convexe. Ces planches sont formées de 10 à 12 bandes
de terre.

C. Arrachage des plants. — Quand le moment
d'exécuter la plantation est arrivé, on procède à
l'arrachage des plants de la pépinière. Cette opération
se fait ordinairement à la main, si l'on opère par un
temps humide ou après une pluie. Lorsque le sol est
sec et dur, on se sert d'une houe fourchue, d'une
bêche ou d'une fourche à dents plates pour soulever
les plants. Quand on les arrache à la main, on doit
avoir le soin de les saisir par leur base et de les tirer
verticalement, afin de ménager les racines et les

feuilles et de ne pas rompre les tiges. Chaque ouvrier doit réunir en bottes les plants qu'il a arrachés ; il se sert de liens de paille pour exécuter cette mise en paquets.

Quand la plantation est confiée à des tâcherons, l'arrachage des plants qu'ils doivent repiquer est exécuté par des femmes ou des enfants dont le salaire est à leur charge.

On ne coupe ni les racines ni les feuilles.

En Flandre, l'arrachage et la mise en bottes des plants à repiquer sur un hectare sont payés 4 francs.

Dans les environs de Paris, on accorde $0^f,05$ à $0^f,06$ par botte contenant environ 150 pieds de colza.

Un homme peut arracher de 30 à 40 bottes par jour.

D. QUALITÉ DES PLANTS. — Un plant de colza, pour être bon, doit être court, trapu, et développé (fig. 5). Les plants qui ont une tige allongée ou très-effilée, sont considérés à bon droit comme mauvais, parce qu'ils sont toujours moins rustiques que les premiers et qu'ils sont sujets à être altérés par les premiers froids.

Les plants faibles, chétifs, étiolés avant l'hiver, donnent presque toujours de faibles récoltes.

E. EXÉCUTION DE LA TRANSPLANTATION. — La mise en place du colza s'exécute de cinq manières différentes :

1° *Au plantoir simple.* — Lorsque la mise en place a lieu au moyen du plantoir ordinaire, on dépose çà et là des paquets de plants, et des femmes ou des enfants distribuent ces plants sur le terrain labouré,

en ayant soin de bien suivre le rayage et de placer
les pieds aussi régulièrement que possible, suivant

Fig. 5. — Bon plant de colza.

les distances qui leur auront été indiquées.

Alors l'ouvrier, tenant le plantoir dans sa main droite, fait un trou en l'implantant dans le sol, saisit avec la main gauche un des plants placés sur la terre et l'introduit dans l'ouverture qu'il vient de faire, de manière que le collet soit aussi rapproché de terre que possible; ensuite il le consolide en frappant la terre contre les racines avec le plantoir, ou il implante de nouveau celui-ci à quelques centimètres du trou dans lequel il a placé le plant, afin de le *borner*. Une fois ce plant mis en place, il avance un peu, il en repique un second et ainsi de suite.

La plantation au plantoir simple est peu expéditive sur les sols très-pierreux, mais elle est très-utile sur les terres légères.

Pour que les lignes soient droites et régulières, on se trouve dans la nécessité de planter sur l'arête d'une bande de terre ou dans l'angle rentrant formé par deux tranches.

M. Pigeon, cultivateur près de Villepreux (Seine-et-Oise), fait planter son colza suivant un procédé nouveau. Tous les ouvriers suivent la charrue et marchent dans la raie comme s'ils devaient planter des pommes de terre. Des femmes les précèdent et posent des plants sur la dernière bande de terre renversée par la charrue. Par cette méthode la terre n'est nullement piétinée ou tassée par les planteurs, et les mottes qui ont une si grande influence sur le colza pendant les gelées, restent telles que la charrue les a soulevées.

Les Flamands labourent les terres qu'ils destinent au colza en planches étroites, et ils exécutent la mise en place des plants en travers de chaque planche.

Un ouvrier habile peut, s'il est aidé par une femme ou un enfant, planter par jour de 10 à 12 ares ou de 6,000 à 7,000 plants.

La plantation faite au plantoir simple, y compris l'arrachage, est payée suivant les localités de 20 à 30 francs l'hectare.

Dans les terres fortes on remplace quelquefois le plantoir ordinaire par une *truelle*, analogue à celle qu'emploient les maçons.

2° *Au plantoir double.* — Le plantoir double (*fig.* 6) se compose de deux branches en bois longues de 0^m,85 à 0^m,90, unies l'une à l'autre par une traverse inférieure située au-dessus des douilles en fer, et d'une barre supérieure aussi en bois, présentant deux poignées. L'ouvrier qui s'en sert appuie fortement le pied droit sur la traverse inférieure, et il exerce en même temps une pression avec les mains

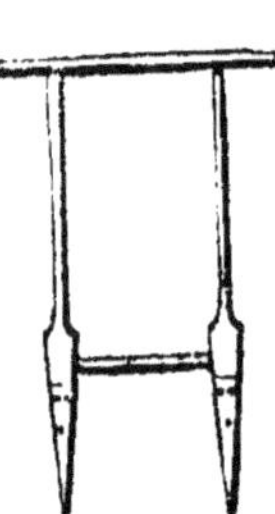

Fig. 6.—Plantoir à deux branches.

sur la traverse supérieure, afin que les deux pointes en fer pénètrent dans le sol et ouvrent deux trous. Cet outil exige beaucoup de force, et il ne permet pas d'éloigner ou de rapprocher à volonté les trous ou les pieds du colza. Ces inconvénients ont conduit beaucoup d'agriculteurs à lui préférer la béquille.

La mise en place des plants se fait de la même manière que lorsqu'on emploie le plantoir appelé *béquille.*

3° *A la béquille.* — Ce plantoir se compose d'une seule douille, d'un manche et de deux poignées ; sa hauteur est semblable à celle du plantoir double. L'ouvrier chargé de l'employer saisit la traverse avec

les deux mains, l'élève au-dessus du sol et le laisse
tomber avec force pour qu'il pénètre la terre labourée jusqu'à 0ᵐ,15 ou 0ᵐ,20 de profondeur ; ensuite,
il le fait vaciller sur la pointe pour élargir un peu
le trou, le retire et l'implante de nouveau dans la
terre, en suivant l'un des rayons ou sillons que présente le labour. Il est nécessaire que cet ouvrier soit
habitué à manier cet outil, afin que les trous soient
également espacés et situés sur des lignes bien parallèles.

Au fur et à mesure que les ouvriers ouvrent les
trous, des femmes déposent dans chaque ouverture
un des plants qu'elles tiennent sous leur bras gauche,
et des enfants pressent la terre contre les racines
avec le talon ou la pointe du pied, en ayant soin que
les trous soient bien fermés. Les unes et les autres
marchent ordinairement pieds nus.

Un ouvrier exercé au maniement du plantoir à
deux branches ou de la béquille, peut ouvrir environ
30,000 trous par jour.

En Flandre, on accorde par hectare, quand la plantation se fait à la tâche, 9 à 12 fr. à l'ouvrier qui
fait les trous, et 10 à 14 fr. aux deux ouvriers chargés de garnir les trous de plants et de consolider
ceux-ci dans le sol. On compte qu'il faut par hectare
4 journées d'ouvriers et 15 journées de femmes et
d'enfants. En Flandre, un ouvrier, une femme et deux
enfants, plantent 30 ares en une journée.

Les frais d'arrachage et de mise en paquets varient
de 8 à 10 fr. l'hectare ; ils ne sont pas compris dans
les chiffres qui précèdent.

4° *A la bêche.* — Lorsque les plants sont très-allongés, on exécute leur mise en place avec la bêche. Ce moyen permet de rapprocher davantage leur collet de la surface du sol. Voici comment on opère : un ouvrier implante profondément le fer d'une bêche dans la couche arable, et, pour que l'entaille soit évasée par le haut, il imprime à l'outil un mouvement de balancement. Alors il retire l'instrument et ouvre un autre trou, et ainsi de suite. L'enfant qui l'accompagne place deux plants aux extrémités de chaque entaille restée béante, et il la ferme avec le pied en exerçant une pression sur ses deux bords.

Un homme aidé par un enfant peut planter de 8 à 10 ares par jour.

5° *A la charrue.* — Dans les grandes exploitations et dans les contrées où les ouvriers n'ont pas l'habitude de manier l'un des plantoirs que je viens de mentionner, ou lorsque les plants sont effilés ou très-longs, on exécute la plantation à la charrue, quand on pratique le dernier labour.

Voici comment on procède :

La charrue commence par faire un *endos* bien droit c'est-à-dire par détacher et renverser l'une contre l'autre deux bandes de terre épaisses de $0^m,15$ à $0^m,20$. Lorsqu'elle a fait cet endos, elle continue son travail ; mais des hommes ou des femmes, se distribuant à la suite du laboureur, déposent çà et là des plants sur le revers des deux tranches, en les inclinant légèrement pour qu'ils ne tombent pas dans les raies ouvertes par la charrue. Quand les deux bandes ont été garnies de plants, les ouvriers cessent leur travail jusqu'à ce que la charrue ait renversé une ou deux bandes de terre contre les plants. Lorsque la plantation a lieu toutes les deux raies, la charrue doit labourer deux planches alternativement afin que les ouvriers soient sans cesse occupés. Il est important que les poseurs aient le soin d'examiner, tout en travaillant, les lignes plantées, et de découvrir les pieds que la charrue a trop enterrés.

Un des deux animaux qui composent l'attelage, celui qui suit le fond de la raie, déplace quelquefois les plants ou en écrase un certain nombre. On évite cet inconvénient en les attelant de file et en les faisant marcher sur la terre non labourée.

La transplantation à la charrue est simple, facile, économique et expéditive, mais elle est bien moins parfaite que la mise en place exécutée avec le plantoir.

Une charrue peut en un jour planter en moyenne, avec le même attelage, 50 ares, et 65 ares si on relaye les animaux ; elle doit être desservie par 4 à 6 ouvriers, selon la longueur du rayage.

Espacement des lignes et des plants.—Pendant longtemps on a espacé les lignes de colza transplanté à 0^m,60, et les plants sur ces lignes à 0^m,35. Depuis quelques années, on a reconnu que ces distances étaient trop considérables, et qu'il fallait les diminuer pour se rapprocher de la culture flamande. Dans cette province, où le colza donne annuellement d'excellents produits, les plants sont à 0^m,25 l'un de l'autre en tous sens, quand ils ont été repiqués au plantoir, et à 0^m,33 lorsque leur mise en place a été faite avec la charrue.

Cet éloignement explique pourquoi l'on se borne maintenant, sur un grand nombre d'exploitations où la culture du colza est bien comprise, aux espacements suivants ;

Lignes : $0^m,45$ à $0^m,50$.   Pieds : $0^m,25$ à $0^m,30$.

Ces distances permettent de planter par hectare, déduction faite de la surface occupée par les dérayures, de 60,000 à 70,000 plants, au lieu de 40,000 à 45,000, que l'on plantait il y a vingt ans.

En Flandre, où les planches sont très-étroites et séparées par des rigoles de $0^m,33$ environ de largeur, chaque hectare contient environ 120,000 à 130,000 pieds de colza, parce que les plants y sont éloignés les uns des autres en tous sens de $0^m,20$ à $0^m,30$.

Les lignes espacées à $0^m,50$ permettent d'exécuter les binages avec la houe à cheval.

Travaux complémentaires de la plantation. — Le colza, une fois planté, n'est pas toujours abandonné à lui-même. Dans plusieurs contrées, on exécute après cette opération des travaux qui contribuent puissamment à sa réussite.

A. PALOTAGE, AUGELAGE, RIGOLAGE OU RUOTAGE. — En Flandre et sur quelques fermes des environs de Paris, où le sol est disposé en planches de $2^m,50$ ou 4 mètres de largeur, lorsque les plants sont bien enracinés, on creuse les *dérayures* ou *ruots* à l'aide d'un louchet ou d'une bêche. La terre que l'on extrait des dérayures est déposée sur les planches à droite et à gauche, entre les pieds ou les rangées de colza. Il faut éviter de diviser les bêchées de terre. Les ouvriers qui marchent en arrière doivent les laisser sous forme de mottes à la surface de la terre. Plus ces bêchées sont grosses et plus elles préservent le colza de l'action du froid pendant l'hiver.

La profondeur que l'on donne aux ruots est ordinairement de toute la longueur du fer de l'instrument que les ouvriers emploient, soit $0^m,25$ à $0^m,35$. Quant à la largeur, elle est égale ou double de celle d'un fer de bêche ou du louchet, soit $0^m,25$ à $0^m,40$. Lorsque la rigole doit avoir de $0^m,33$ à $0^m,40$ de largeur, l'ouvrier enfonce deux fois le louchet : une fois à droite, une fois à gauche.

Cette opération a une importance très-grande lorsque les terres sont argileuses, argilo-siliceuses ou argilo-calcaires à sous-sol imperméable et quand on l'exécute par un beau temps. Elle assainit la couche arable et rechausse les plants à la fin de l'hiver, et elle permet au colza de mieux résister aux gelées. En Flandre, on la pratique depuis un siècle.

Dans les environs de Douai (Nord), on répète une seconde fois cette opération avant les grands froids. Par ce nouveau ruotage on augmente et la profondeur et la largeur des rigoles qui séparent les planches.

Un ouvrier peut paloter ou ruoter en un jour environ 25 ares lorsque les rigoles égalent en largeur et en profondeur les dimensions d'un fer de bêche.

Lorsque les dérayures sont creusées à deux fers de bêche, un homme ne palote pas au delà de 10 à 12 ares.

Dans ces deux exemples, les planches sont supposées avoir 3 mètres de largeur. Ainsi dans le premier cas un ouvrier palote 800 mètres de dérayures; dans le second, il ne creuse que 350 à 400 mètres de longueur.

On donne, si les travaux se font à la tâche, de 1 à 3 centimes par mètre, suivant la profondeur et la largeur que doivent avoir les rigoles.

B. APPLICATION D'ENGRAIS. — Lorsque le colza a été transplanté sur des terres médiocrement fumées ou peu fertiles, on répand quelquefois sur toute l'étendue de la couche arable, du purin, de l'engrais flamand, ou du tourteau fertilisé. Le *purin* et la *courtegraisse* ne peuvent être appliqués que pendant la gelée. (Voir LES MATIÈRES FERTILISANTES, *engrais liquides.*)

Le tourteau doit être placé au pied des plantes avant le palotage ou le premier binage, si ce dernier est exécuté en automne.

Sur diverses exploitations on répand à la fin de l'hiver 300 à 1,000 kil. de tourteau ou 500 à 600 kil. de guano par hectare.

Quand ces engrais ont été appliqués, on donne un coup de *truc* entre les lignes pour briser les mottes, ameublir la terre, réchauffer les plantes et détruire les mauvaises herbes.

Culture d'entretien. — Les soins d'entretien que l'on donne au colza pendant sa végétation varient selon qu'il a été ou non semé en place.

1° COLZA SEMÉ EN PLACE. — A. *Premier binage.* — Cette opération se fait à l'aide d'une binette ou de la razette flamande, lorsque les plantes ont 4 ou 6 feuilles. On l'exécute en septembre ou dans les premiers jours d'octobre.

Quand les ouvriers ne binent que les espaces compris entre les lignes, on leur donne de 10 à 12 fr. par hectare. Un binage complet se paye de 20 à 25 fr.

Dans le premier cas, on compte qu'un ouvrier peut biner de 20 à 25 ares par jour ; dans le second, il ne bine pas au delà de 8 à 10 ares si le sol présente beaucoup de mauvaises herbes.

Dans les circonstances ordinaires, un ouvrier habile bine environ 15 ares par jour.

B. *Éclaircissage.* — Lorsque les plants sont trop nombreux, on les éclaircit à la main. Ce dédoublement ou *démariage* a lieu en septembre, et quelquefois les ouvriers l'exécutent lorsqu'ils pratiquent le premier binage. Dans ce dernier cas, ils se servent souvent de la binette pour détruire les plants superflus.

Les plants doivent être espacés de $0^m,25$ à $0^m,30$ les uns des autres.

C. *Transplantation sur les parties vides.* — Les semis de colza exécutés en place et en lignes ne réussissent pas toujours complétement. Lorsqu'on observe des lacunes sur les lignes, on doit, à l'époque de l'éclaircissage, les garnir de plants. Ce repiquage se fait au moyen du plantoir ordinaire ou de la béquille. On doit avoir soin de bien aligner les plants, afin de ne pas détruire la régularité des rangées.

D. *Deuxième binage.* — Cette opération se fait quelquefois en automne, mais le plus ordinairement après l'hiver. On l'exécute avec la binette ou au moyen de la houe à cheval. Lorsque le sol est propre et que le premier binage a été exécuté tardivement, on se dispense souvent de le pratiquer.

E. *Buttage.* — On butte rarement le colza. Cependant cette opération est utile à cette plante quand les terres labourées en grandes planches sont sujettes à être soulevées par les gelées et lorsque les

plants ont acquis à la fin de l'automne un grand
développement. Elle garantit les pieds élevés de l'humidité, des froids intenses et des alternatives de gels
et de dégels. La plupart des colzas cultivés en Alsace
sont buttés avant l'hiver.

On exécute ce *chaussage* au moyen d'un *buttoir*
ou charrue à deux versoirs, et quelquefois avec la
binette.

F. *Troisième binage*. — Cette culture d'entretien
se fait à la fin de l'hiver par un beau temps et lorsqu'on n'a plus à craindre de fortes gelées. Il est
nécessaire de l'exécuter soit en mars, soit dans la
première quinzaine d'avril, c'est-à-dire avant l'époque à laquelle le colza développe ses ramifications,
afin que les ouvriers ne brisent pas les extrémités de
ces branches.

On le pratique au moyen d'une houe à cheval. Cet
instrument permet de biner en un jour de 1 hectare
à 1 hectare 50 ares.

On complète le travail de la houe à cheval en faisant biner les intervalles qui existent sur les lignes
entre les plants. Ce binage complémentaire se paye
de 6 à 8 fr. l'hectare.

Lorsque cette culture d'entretien est entièrement
exécutée à bras, on paye de 15 à 18 fr. par hectare,
suivant l'espacement des lignes. Elle exige de 9 à
11 journées d'ouvrier.

2° COLZA TRANSPLANTÉ. — Le colza que l'on a repi-
qué à la charrue ou au plantoir ne réclame pas de
nombreuses cultures d'entretien.

Quand la transplantation a été exécutée de bonne
heure et que le sol a donné naissance à une foule de

mauvaises plantes, on pratique un binage à bras ou à la houe à cheval. On se dispense de cette opération lorsque la mise en place a eu lieu tardivement ou qu'elle a été pratiquée sur des sols propres.

Nonobstant, on bine les colzas repiqués en février ou en mars. (Voir *troisième binage*). Cette opération, en ameublissant et aérant le sol, favorise le développement des tiges et des ramifications.

Écimage ou étêtage. — Depuis quelques années dans diverses contrées, on supprime la partie supérieure de la tige principale quand elle commence à s'élever, et qu'elle présente déjà quelques ramifications et quelques boutons à fleurs un peu apparents. Cet écimage s'exécute en mars ou avril ; on l'opère avec la main ou un couteau, en coupant la tige à $0^m,15$ ou $0^m,20$ au-dessous de son sommet. Cette opération a l'avantage, suivant les uns, de provoquer le développement d'un plus grand nombre de tiges latérales, et selon les autres, elle a l'inconvénient de rendre inégale la maturité des siliques.

Insectes nuisibles. — Le colza est attaqué par plusieurs insectes :

1° Le *puceron*, la *puce de terre* ou l'*altise bleue* (ALTICA), attaquent les cotylédons quand ils apparaissent à la surface de la terre. On prévient leurs ravages, qui sont souvent très-grands, en répandant, quand ces organes sont encore couverts de rosée, de la cendre et de la chaux en poudre. Ces substances, par leur adhérence sur les feuilles séminales, obligent les altises à s'attaquer à d'autres végétaux. On doit répéter ces saupoudrages toutes les fois que cela est nécessaire.

M. Hintz a inventé un appareil propre à détruire ces insectes. Cette puceronnière (fig. 7) a été perfec-

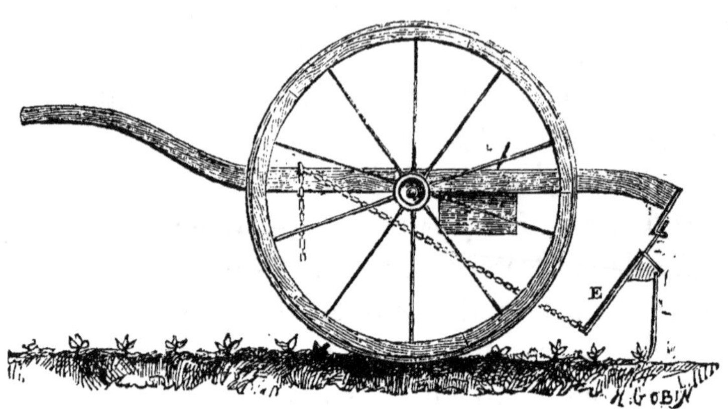

Fig. 7. — Puceronnière.

tionnée à Grignon, où on l'emploie avec avantage.

La planche E que cet appareil promène au-dessus des jeunes plantes est enduite de goudron; en avançant, elle effraye les altises; alors celles-ci sautent et viennent tomber sur le goudron et y adhèrent.

2° La *nitidule bronzée* (Nitidula ænœa, Fab.) paraît en même temps que les boutons à fleurs qu'elle ronge intérieurement et qu'elle détruit à mesure qu'ils se développent. Ce coléoptère a fait de grands ravages en 1844 dans les cultures de colza de la Bavière rhénane. M. Villeroy a observé que quand il a paru une fois dans un champ, on l'y revoit ordinairement les années suivantes. Cet insecte est très-petit, de forme ovoïde-oblongue et d'un vert bronzé brillant; son corselet et ses pattes sont brun noirâtre. Jusqu'à ce jour on n'a pu empêcher ses ravages.

3° Le *charançon du colza* (Grypidius brassicæ.

Sch.) se nourrit du parenchyme des grains et occasionne souvent des dégâts considérables. Ce coléoptère (fig. 8) a une tête globuleuse mince, munie d'un bec cylindrique, courbé en dessus et un peu plus développé à son extrémité. C'est à l'aide de son bec qu'il perfore les siliques encore vertes et s'attaque aux graines.

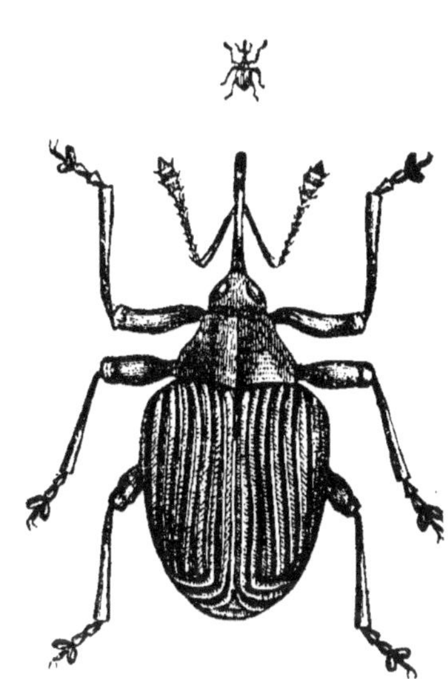

Fig. 8. — Charançon du colza.

Les larves de ce petit insecte (fig. 9) sont des ennemies très-redoutables; les dégâts qu'elles commettent à l'intérieur des siliques sont souvent considérables.

Fig. 9. — Larves du charançon du colza.

4° La *teigne du colza* (YPSOLOPHUS XILOSTEI, Fabri.) (fig. 10) produit une larve blanche que Doyère avait appelée *petit ver blanc*. Cette larve vit dans les siliques et se nourrit de leurs graines. Les siliques attaquées par cet insecte (fig. 11) ont leur surface interne plus ou moins brune ou noire.

La fig. A représente la teigne du colza dans sa grandeur naturelle et ayant ses ailes fermées.

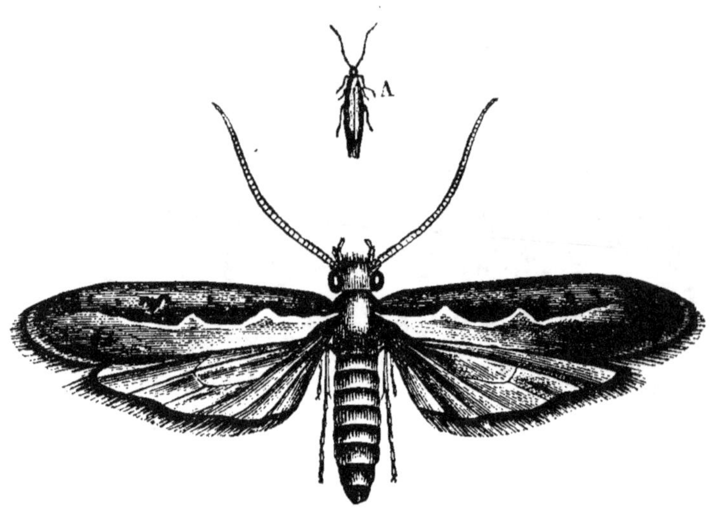

Fig. 10. — Teigne du colza.

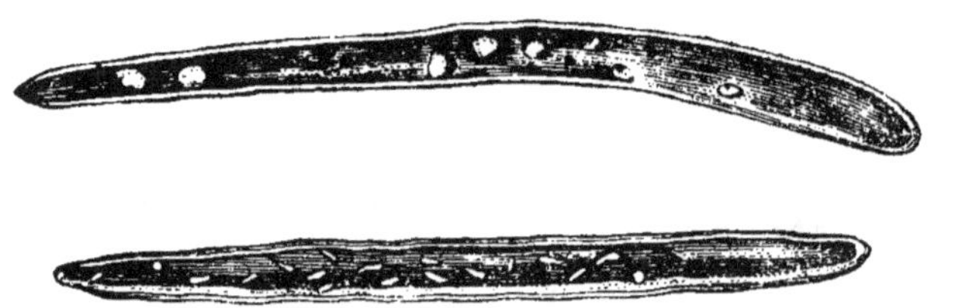

Fig. 11. — Larves de la teigne du colza.

Animaux nuisibles. — Le colza est aussi attaqué pendant sa végétation, par la *petite limace grise* (LIMAX HORTENSIS, L.). Ce mollusque s'attaque en automne aux feuilles et détruit souvent un très-grand nombre de pieds. Les pluies continues favorisent ses ravages. Quand on redoute cette limace, il faut éviter, si cela est possible, de repiquer des pieds faibles. Les plants forts et vigoureux résistent mieux à son attaque.

Oiseaux nuisibles. — Le colza a aussi pour ennemis quelques oiseaux. Ainsi, pendant l'hiver, alors que la neige couvre la terre, mais qu'elle n'abrite pas complétement les pieds de colza, les *corneilles*, les *pigeons ramiers* et les *pies* s'attaquent aux feuilles et les déchiquètent. Ces dégâts sont parfois si considérables, que les préfets autorisent la destruction de ces oiseaux pendant les temps de neige.

Les *grives*, les *merles*, les *tourterelles* et les *pigeons ramiers* attaquent les siliques lorsque les graines qu'elles contiennent sont presque mûres. L'importance du dommage qu'ils peuvent occasionner est tel, que les cultivateurs doivent faire garder les pièces de colza, quand ils constatent leur présence en grand nombre dans la contrée qu'ils habitent.

Maladie. — On a observé, il y a quelques années, que les tiges de colza étaient sujettes à une altération. Cette maladie a été désignée sous le nom de *blanc du colza;* elle est due à un commencement de pourriture qui se montre à l'intérieur de la tige principale et quelquefois des ramifications. Cette altération fait disparaître la moelle. Elle est caractérisée d'une manière apparente par la couleur blanche des tiges qu'elle attaque et le développement d'un champignon nommé *sclerotium varium.* On croit qu'il faut l'attribuer à une humidité surabondante dans le sol et l'atmosphère. Les graines des pieds ainsi altérés sont moins grosses, moins développées que celles produites par les pieds sains.

Maturité. — A. ÉPOQUE. — La récolte a lieu ordinairement dans toute la région septentrionale, vers la fin de juin ou dans les premiers jours de juillet. Dans le Centre, on l'exécute vers la mi-juin. Les cultivateurs du Midi l'opèrent à la fin de mai ou au plus tard dans les premiers jours de juin.

B. Signes de la maturité. — Le colza est mûr quand les tiges et les feuilles sont jaunâtres, lorsque les graines provenant des fleurs qui se sont épanouies les premières sont noires, brunes et libres à l'intérieur des siliques.

On ne doit pas attendre, pour commencer la coupe des tiges, que toutes les siliques soient complétement mûres. Si l'on agissait ainsi, on s'exposerait à perdre une très-grande quantité de graines. Le colza s'égrène facilement quand il survient, à l'époque de sa maturité, de fortes chaleurs et des vents violents.

Quoiqu'il soit utile de couper un peu prématurément, il est nécessaire cependant de ne pas couper trop tôt. Lorsque la coupe a lieu avant la maturité parfaite du tiers environ des siliques, les graines de la partie supérieure des tiges restent presque rougeâtres; alors elles ont moins de valeur commerciale, parce qu'elles contiennent moins d'huile; on dit alors que la graine contient du *rouge*.

Récolte. — A. Coupe des tiges. — On coupe le colza sans secousses avec une *forte serpette*, une *petite serpe*, une *faucille ordinaire* ou une *faucille volante*, à 0^m,08 ou 0^m,12 de terre. Ces instruments doivent être très-tranchants.

Cette opération doit être faite de préférence le soir ou le matin. Il faut éviter de couper pendant le milieu du jour, à moins que les plantes n'aient été humectées par une pluie, ou que le temps soit couvert.

On peut agir sans crainte pendant la pluie. Par l'effet de la rosée, du serein ou de la pluie, les siliques restent fermées. Quand on opère par un soleil ardent, un nombre plus ou moins grand de siliques s'ouvrent sous le plus petit choc et laissent échapper les graines qu'elles contiennent. C'est pour éviter la perte qui résulte de l'égrenage qu'on coupe souvent la nuit quand le temps est beau ou que la lune éclaire, si la maturité est avancée. Alors les ouvriers se reposent le jour. Quelquefois ces derniers commencent leurs travaux à 2 ou 3 heures de la nuit pour cesser vers 8 ou 9 heures du matin ; ils les reprennent vers 4 à 5 heures du soir pour les continuer jusqu'à la nuit.

Chaque ouvrier agit sur 3 à 5 lignes à la fois, suivant leur espacement, la longueur des tiges et la force des javelles. Il doit commencer le champ de manière à couper perpendiculairement à la direction du renversement des tiges; ainsi, il faut qu'il se place de manière que cette inclinaison soit à sa droite. A mesure qu'il coupe, il dépose le colza en javelles, en ayant soin de bien réunir la base des tiges et d'orienter celles-ci de façon que leur sommet soit opposé à la direction du vent.

En Flandre, les ouvriers se placent dans les ruots, coupent à droite et à gauche jusqu'au milieu de chaque planche et posent les colzas coupés en ayant soin que leurs pieds affleurent avec le bord de la rigole. Après l'opération, les tiges sont déposées sur deux lignes par *brassées* ou *javelles*. La grosseur des javelles doit être telle qu'un ouvrier puisse, à l'époque du battage, les saisir très-aisément entre ses mains seulement.

En Alsace, on a soin de coucher les tiges de manière qu'entre deux rangées les bouts inférieurs soient alternativement opposés.

Lorsque la coupe du colza est donnée à tâche, on est obligé de surveiller sans cesse les ouvriers afin qu'ils évitent d'égrener les siliques.

On paye, pour cette opération, de 14 à 16 fr. par hectare.

Un ouvrier peut couper par jour de 15 à 20 ares selon le développement des tiges. Quand celles-ci sont couchées et enchevêtrées, l'ouvrier qui agit de manière que l'égrenage soit aussi faible que possible, ne coupe souvent que 10 à 12 ares.

B. JAVELAGE. — Le colza reste en javelle sur le sol jusqu'à la maturité complète des siliques; ordinairement, ce javelage dure de six à huit jours.

Si, pendant ce temps, il survenait des pluies abondantes et continues, il faudrait profiter des alternatives de beau temps pour retourner les javelles, afin d'empêcher la germination des graines. Cette opération doit être faite avec précaution pour que les semences ne s'échappent pas des siliques.

Le javelage trop prolongé et mal surveillé occasionne une perte qui s'élève quelquefois au cinquième de la récolte.

E. MISE EN MEULE. — En Flandre et sur plusieurs points de la Normandie, les colzas sont mis en *meules* avec tout le soin possible 24 heures après qu'ils ont été coupés. Par cette méthode on soustrait les siliques à l'action si nuisible des orages, de la grêle et des alternatives de pluie et de beau temps, et les graines gagnent en volume et en qualité.

Le seul reproche qu'on puisse faire à ce procédé, c'est qu'il exige un plus grand nombre d'ouvriers.

Chaque meule ou *mont* varie de forme ou de grosseur suivant les localités. Quand elle est cylindrique, on lui donne de 4 à 5 mètres de diamètre et 4 mètres environ de hauteur. On l'établit sur un endroit un peu élevé où l'on a placé un lit de paille et au centre duquel s'élève une perche de 3 à 4 mètres qui assure la solidité de son sommet et l'empêche d'être renversée lorsque le vent est violent. Les javelles y sont placées de manière que les siliques n'apparaissent pas à l'extérieur. On la termine en lui donnant supérieurement la forme d'un cône. Alors, quand on est prêt de la finir, on croise un peu les extrémités des javelles vers le centre afin de diminuer graduellement son diamètre et de donner aux tiges une pente du dedans au dehors.

Lorsque la meule est terminée on couvre sa partie supérieure de paille afin de la garantir de la pluie et des oiseaux. On remplace souvent la paille par des tiges battues l'année précédente. Ces pailles sont fixés sur la meule à l'aide de bâtons munis d'un crochet et qu'on appelle *aiguilles*.

Le colza est porté aux meules au moyen de toiles ou *bâches*, ou de civières contenant 7 à 8 javelles.

Voici comment on confectionne ces meules dans les environs de Lille :

On arrache les éteules du colza, on comble avec la houe les raies qui séparent les planches ou billons, on aplanit le sol, on y répand de la balle de blé et on y élève la meule. L'ouvrier chargé de la construire est désigné sous le nom d'*emmoyeur;* il est secondé par un aide et des ouvriers chargés d'apporter les *brassées* ou *javelles* les plus voisines. Les tiges du premier lit ont leur base en dehors, celles du second rang sont placées en sens inverse et ainsi de suite. Le milieu de la meule doit être élevé d'un mètre environ au-dessus de la circonférence.

La hauteur de la meule doit être égale au moins au diamètre de sa base.

La construction d'une semblable meule exige 12 ouvriers pendant 5 à 6 heures; elle contient la récolte de 40 à 50 ares.

En Flandre, le colza reste en meule au milieu des terres pendant quatre à six semaines et quelquefois deux mois, afin que ses graines deviennent plus noires et plus oléifères, sous l'influence de la légère fermentation qui s'établit dans la masse.

Quand le battage doit avoir lieu huit à quinze jours après le faucillage, on construit des meules de dimensions beaucoup plus petites. Dans ce dernier cas, on opère comme lorsqu'il est question de construire des moyettes de céréales.

En Alsace, lorsque les tiges sont sèches, on procède à leur mise en bottes. Cette opération se fait sur une grande toile. On a soin de secouer les bottes avant de les sortir de la bâche pour les charger sur des chariots dont le fond et les ridelles sont garnis d'une toile et les conduire ensuite à la ferme. Dans la plus grande partie de l'Alsace, le battage du colza a lieu dans les granges.

Battage. — Le battage a lieu aussitôt la dessiccation des plantes et la maturité des graines renfermées dans les siliques supérieures. On l'opère avec le fléau, soit sur une grande toile étendue sur le champ même où le colza a été cultivé, soit dans une grange.

A. Sur place. — On arrache d'abord les pieds de colza, on enlève les pierres pour éviter qu'ils ne percent la toile ou la *bâche* sous les coups des fléaux et on unit le sol à l'aide d'une bêche. Quand ces travaux sont terminés, on étend la toile de chanvre sur la surface préparée, on relève ses bords au moyen d'un bourrelet de paille et on la fixe à des piquets fichés en terre à l'aide de bouts de ficelle. Une bâche ordinaire a de 12 à 15 mètres de côté; elle exige une *bretelle* de huit à neuf ouvriers; quatre

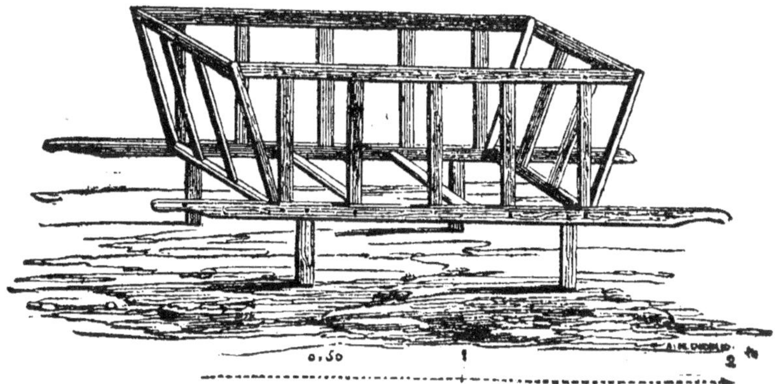

Fig. 12. — Civière à colza.

apportent les tiges et quatre opèrent le battage. Une telle toile suffit pour une étendue de 10 hectares de colza. Elle doit être déplacée quatre à cinq fois pendant l'opération.

Un tel atelier est quelquefois désigné sous le nom de *battière*.

Lorsque la bâche a été ainsi étendue, quatre ouvriers portant des civières garnies intérieurement d'un drap ou d'une toile (*fig.* 12), apportent continuel-

3.

lement des tiges ; un cinquième armé d'une fourche les étend sur l'aire et les trois ou quatre autres toujours marchant exécutent le battage. Au fur et à mesure que les *batteurs* avancent, le cinquième ouvrier, que l'on nomme *poseur*, retourne les tiges ; quand celles-ci ont été battues de nouveau, il les secoue et les jette ensuite en dehors de la bâche.

Lorsque la toile est en partie remplie de siliques, l'ouvrier chargé de disposer le colza sur l'aire doit les enlever afin qu'elles n'amortissent pas les coups de fléaux. Alors, saisissant un râteau en bois à dents écartées (fig. 13), il rassemble une partie des siliques ou *cossettes* ou *écalots* et les jette en dehors sur un endroit donné, en ayant soin qu'elles n'entraînent pas de graines. Il répète cette opération trois à cinq fois par jour, selon que le produit du battage est plus ou moins élevé et l'accumulation des siliques plus ou moins grande.

Fig. 13. — Râteau pour enlever les siliques.

On ne procède au battage que quand le temps est beau et certain.

Les *porteurs* varient en nombre selon la distance qu'ils doivent parcourir à chaque voyage. On les diminue en ayant des civières ou des cadres en toiles supplémentaires et en faisant charger ces ustensiles par des femmes ou *ramasseuses.*

En Flandre, où l'emmeulage du colza est chaque année en usage, le transport des tiges est confié à des jeunes filles; elles apportent le colza sur leur tête après l'avoir enveloppé dans des toiles.

Dans quelques localités, les batteurs se servent de *gaules* de 3 mètres environ de longueur au lieu de fléaux. Dans d'autres contrées, on opère le battage avec des fourches. Ces instruments ne sont pas supérieurs au fléau.

Quand, pendant la journée, la bâche ou *banne* est trop chargée de graines, on nettoie celles-ci avec le râteau et on les met dans des sacs. Le soir, on débarrasse entièrement la toile et l'on rapporte le produit du battage à la ferme.

Le salaire que l'on accorde aux ouvriers qui exécutent le battage à la tâche, varie entre 1ᶠ,25 et 1ᶠ,50 par hectolitre de graines nettoyées, selon le rendement du colza.

Une *bricole* ou bretelle de huit hommes, bat ordinairement 24 hectolitres par jour, soit par chaque ouvrier le produit de 8 à 10 ares, ou 3 hectolitres.

M. Bodin a imaginé une machine à battre mobile, destinée au battage du colza. Cette machine (fig. 14), remarquable par sa simplicité et sa grande solidité, est mise en mouvement par un manége ou une locomobile à vapeur; elle présente une ouverture plus grande que celles des machines avec lesquelles on égrène les céréales; en outre le batteur, qui est composé de plateaux en fonte, présente des battes en fer forgé;

enfin, le contre-batteur a moins d'étendue que le

Fig. 14. — Machine à battre le colza.

contre-batteur des machines à battre ordinaires.

Cette machine peut battre en dix heures le produit

de 1 hect. 50, et égrener par heure, lorsque la récolte est bonne, jusqu'à 4 et 5 hectolitres.

C. En grange. — Lorsque par des circonstances particulières on a rentré la récolte dans une grange, on ne procède au battage qu'au moment de la vente des graines. On effectue cette opération avec le fléau sur l'aire de ce bâtiment. Ce battage est moins rapide, moins économique que le battage en plein air; mais il a l'avantage sur cette dernière opération de permettre aux graines de conserver leur volume et leur poids, et d'avoir plus de qualité.

On peut aussi, lorsque le colza a été semé à la volée et que la partie inférieure des tiges n'est pas très-développée, opérer le battage à l'aide d'une *machine à battre ordinaire*, ayant un contre-batteur mobile. Dans ce cas, on règle cette dernière pièce de manière que les tiges puissent passer sous le batteur sans arrêter ses évolutions et nuire à l'égrenage des siliques.

Les voitures qui servent au transport des tiges de colza non battues du champ à la ferme doivent être garnies intérieurement d'une grande bâche.

D. Bottelage de la paille. — Dès que le battage est terminé ou à mesure qu'on l'exécute, on procède au bottelage des tiges. Ces bottes se font avec des liens de paille de seigle; on les fait ordinairement de 6 à 7 kilog.

Ce bottelage se paye 1 fr. les 104 bottes. Un ouvrier fait environ 300 bottes par jour; il confectionne les liens dont il a besoin.

Enlèvement des tronçons. — Après le battage on arrache à la pioche ou à l'aide d'un labour les *tronçons* ou *étots.* Ces pieds bien secs sont quelquefois utilisés comme combustible.

Rentrée de la graine dans les greniers. — On doit rapporter les graines des champs avec 1/3, 1/4 ou 1/5ᵉ de siliques. Celles-ci, mêlées aux semences, empêchent que ces dernières s'échauffent, fermentent et perdent de leur qualité ; elles permettent aussi de les déposer en couche un peu plus épaisse dans les greniers ou dans les granges.

Lorsque les graines ont été nettoyées ou criblées sur le champ, elles doivent être déposées dans les magasins en couche mince.

Dans les deux cas, il faut les remuer plusieurs fois pendant les premières semaines qui suivent le battage, soit à l'aide d'une pelle, soit au moyen du râteau.

Les graines qui s'échauffent dans les greniers prennent une teinte blanchâtre et une odeur de moisi qui les font déprécier par les huiliers parce qu'elles donnent toujours moins d'huile.

On ne peut rentrer les graines complétement nettoyées que lorsque les tiges ont séjourné en meules avant le battage, ou qu'elles ont été récoltées dans une contrée où l'air est sec et chaud.

Nettoyage et conservation des graines. — Lorsque les graines sont sèches ainsi que les siliques, on procède à leur séparation. On exécute cette opération au moyen d'un crible à larges opercules. La graine passe au travers des ouvertures et les siliques restent sur la peau ou la toile métallique du crible.

On complète ce nettoiement avec un tarare muni d'un petit grillage. Cette opération permet de séparer la poussière et les graines chétives des bonnes semences. On remplace quelquefois le tarare par un crible à opercules beaucoup plus petits que la grosseur des graines ordinaires de colza.

Une fois ce nettoiement opéré, on conserve les graines en tas de $0^m,30$ à $0^m,50$ d'épaisseur. Il est utile de temps à autre, tous les mois par exemple, de les soumettre à un nouveau tararage ou criblage. Cette opération empêche plusieurs insectes de nuire à la qualité de la graine.

Les graines que l'on conserve pendant trois ou quatre mois après la récolte, pendant environ $1/15^e$ à $1/10^e$ de leur volume. C'est ce déchet qui oblige les cultivateurs à vendre le plus tôt possible les graines qu'ils ont récoltées.

Insectes qui attaquent les graines dans les greniers. — La graine de colza conservée dans les greniers est attaquée par un insecte acarien que l'on désigne sous le nom de *mite*. Suivant M. Focillon, cette mite vit des débris pulvérulents que produisent les semences malades ; elle a donc l'inconvénient de salir la graine et d'altérer sa qualité. On prévient cette altération en soumettant de temps à autre les semences à un tararage ou à un criblage.

Rapport de la paille et des siliques à la semence. — Il est utile de connaitre les quantités de paille et de siliques que l'on doit obtenir par chaque 100 kilog. de graines récoltées. Ces données servent à établir des calculs de prévision.

A. PAILLE. —|La paille est plus ou moins abondante selon la fertilité du sol et la végétation des plantes. Voici les chiffres que l'on a observés :

De Gasparin. 100 kil. de graines proviennent de 165 kil. de paille.
Boitel. . . . 100   —   —   150   —
Grignon. . . 100   —   —   190   —

Moyenne. . . . . 168 kil.

Ainsi, 1 hectare qui produirait 24 hectolitres, ou 1,600 à 1,700 kil. de graines, devrait donner de 2,700 à 2,900 kil. de tiges ou de paille.

B. SILIQUES. — Les siliques sont abondantes. Elles sont à la graine :: 1 : 10.

Ainsi, 1 hectare qui produirait 24 hectolitres de graines doit donner environ 240 hectolitres de siliques.

Un hectolitre de siliques pèse de 4 à 4 kil. 500.

Poids de l'hectolitre. — Un hectolitre de bonne graine de colza pèse en moyenne de 68 à 70 kil. C'est accidentellement que ce poids atteint 72 kil.

Les graines mal nourries, avortées, piquées par le charançon du colza, ne pèsent souvent que 62 à 65 kil.

En général, le poids de l'hectolitre est en raison directe de la beauté, du volume et de la dessiccation des semences.

Un litre de graines de première qualité contient de 150,000 à 180,000 graines.

Rendement. — Le colza donne plus ou moins de graines et de paille selon la richesse des terres où il est cultivé et les accidents qu'il éprouve pendant sa végétation.

A. EN GRAINES. — Voici les résultats moyens que la statistique générale a enregistrés en 1840 :

		Colza.	Blé.
Nord	par hectare	19 hect. 34	20 hect. 74
Seine-Inférieure	—	19 — 05	18 — 25
Seine-et-Oise	—	18 — 85	19 — 05
Pas-de-Calais	—	14 — 10	16 — 51
Moyennes.		17 hect. 83	18 hect. 64

Ainsi, le colza, à conditions égales de culture, est un peu moins productif que le froment; c'est par exception que l'on observe le contraire. Des faits analogues à ces résultats ont été observés à Grignon, de 1829 à 1855.

	Colza.	Blé d'hiver.
Première rotation.	18 hect. 25	21 hect. 00
Seconde —	21 — 96	23 — 10
Troisième —	24 — 48	25 — 00
Quatrième —	21 — 34	26 — 40
Moyennes.	21 hect. 50	23 hect. 87

De 1832 à 1842, on a obtenu à Hohenheim, où l'on a adopté, comme à Grignon, un assolement alterne de sept années, 21 hect. 81 litres de colza par hectare et 25 hect. 92 litres de blé d'hiver.

Je compléterai ces données sur le rendement du colza en inscrivant les produits moyens que l'on a signalés sur divers points de la France :

		hect.
Rendu,	*Flandre*..	35,00
Pluchet,	*Trappes*.	32,00
Cordier,	*Flandre*.	30,00
Morière,	*Plaine de Caen*.	30,00
Dailly,	*Trappes*.	38,00
Moyenne.		31,50
Martine,	*Aisne*.	26,00
Ducouytes,	*Lot-et-Garonne*.	24,00
Lecouteux,	*Versailles*.	20,40
Boussingault,	*Alsace*.	18,70
Mettray,	*Touraine*.	16,90
Moyenne.		21,20

Ainsi, d'après ces divers produits, c'est bien à tort qu'on adopterait, comme on l'a proposé, le chiffre 40 pour établir un budget de prévision concernant la culture du colza. Une bonne récolte de colza donne en moyenne de 25 à 30 hectolitres par hectare.

Les binages bien exécutés exercent une très-grande influence sur le produit de cette plante. Voici des résultats obtenus par M. le Barillier, qui confirment cette influence :

	Colza non biné.	Colza biné.
1839.	23 hect. 80	39 hect. 50
1840.	14 — 40	21 — 80
1841.	24 — 60	33 — 70
1842.	27 — 10	36 — 20
1843.	21 — 30	27 — 90
Moyenne.	22 hect. 20	31 hect. 80

Les colzas non binés avaient été plantés toutes les raies ; les autres étaient séparés par deux bandes de terre. Dans les deux cas, les plantes, sur les lignes, étaient espacés de 0^m,20 à 0^m,25.

B. En paille. — Le colza produit une quantité de tiges sèches à peu près égale à celle que donne le blé. Voici les productions que l'on a obtenues par hectare :

	Produit en graines.	Produit en paille.
Boitel.	2,590 kil.	4,250 kil.
Grignon.	1,500	3,280
Pluchet.	2,240	3,000
Dailly.	1,960	3,000
Mettray.	1,180	2,850
Hohenheim.	1,883	2,000
Moyennes.	1,883 kil.	3,060 kil.

Soit en moyenne 400 bottes de 8 kilog. ou 600 bottes de 5 kilog. par hectare.

D'après ces résultats la graine est donc à la paille comme 100 : 160.

C. En racine. — M. Boitel a pesé les racines munies d'un fragment de tige de 0^m,15 environ, que contient 1 hectare de colza. Il a trouvé que la quantité s'élevait en moyenne, à l'état frais, à 3,300 kilog., quand la production en paille avait atteint 4,200 kilog. Les racines desséchées ont pesé 820 kilog. Ainsi la

<pre>
Paille : racines fraîches :: 100 : 76.
Paille : racines sèches :: 100 : 19.
</pre>

Ces rapports varient naturellement suivant la richesse du sol, c'est-à-dire la vigueur avec laquelle les plants de colza se seront développés.

Usages des produits. — A. Graines. — Les graines de colza fournissent une huile qui sert à l'éclairage et que l'on emploie aussi dans la fabrication des savons noirs, l'apprêt des cuirs, etc. Cette huile est ordinairement jaune et elle a une odeur forte qui est caractéristique; sa saveur est peu agréable. Lorsqu'elle est vieille ou qu'elle reste exposée à l'air, elle blanchit, sa viscosité augmente et elle est impropre à l'éclairage parce qu'elle produit une fumée qui est très-incommode. Sa densité est de 0,9136. Elle ne se solidifie que sous un froid de 10 à 12 degrés au-dessous de zéro.

On épure l'huile de colza par l'acide sulfurique. Alors elle est moins colorée et a perdu de sa densité.

L'huile de colza se vend *épurée* ou *non épurée*, en tonnes qui contiennent un peu plus de 1 hectolitre et qui pèsent 91 kilog.

B. Siliques. — On emploie les siliques ou *cossettes* de colza dans l'alimentation des animaux domestiques. On les donne de préférence aux vaches et aux bêtes à laine quand on leur fait consommer des racines : betteraves, carottes, etc. Les agriculteurs qui ont une distillerie de betteraves mêlent les pulpes qui proviennent de cette opération avec des siliques. Ces cossettes tempèrent avantageusement l'action de l'humidité que possèdent ces aliments, sur la vie des animaux. Quand on les destine à l'alimentation, il faut les rentrer aussitôt que le battage est terminé et les conserver dans des endroits secs. On exécute leur transport au moyen de sacs, de grands tombereaux'ou de charrettes garnies intérieurement d'une toile.

Les cultivateurs qui ont suffisamment de fourrages, les brûlent lentement sur place et répandent les cendres qui résultent de cette opération avant de procéder au déchaumage du champ.

C. Paille. — La paille de colza est employée comme litière dans les étables et les bouveries où elle sert pour former des *soutraits* sous les meules de grains ou de foin, ou pour les couvrir. Quand on l'emploie comme litière on doit la laisser séjourner plusieurs jours et même une semaine sous les animaux, afin qu'elle absorbe le plus possible de déjections liquides. Cette paille sert à fabriquer d'excellent fumier, parce qu'elle contient beaucoup de substances salines, mais elle est peu absorbante.

On la place quelquefois dans les cours et sur les chemins.

On doit la conserver en meule. Si on la laissait longtemps exposée à l'action des pluies, elle prendrait une teinte brune et perdrait de ses qualités absorbantes.

C'est bien à tort que dans quelques localités on la brûle sur le champ où elle a été récoltée.

Quantité de produits fournie par la graine. — La graine de colza fournit deux produits : de l'huile et du tourteau.

A. Huile. — La graine de colza contient environ 50 p. 100 d'huile quand elle est de première qualité, mais elle n'en rend ordinairement que 35 à 40 p. 100. Un hectolitre du poids moyen de 67 kilog. fournit donc de 24 à 27 kilog. d'huile.

En fabrique, on compte qu'il faut écraser et presser de 325 à 425 litres, ou 218 à 285 kilog. de graines, pour remplir une tonne d'huile de 91 kilog.

Ainsi, en moyenne, il faut 4 hectolitres 50 de graines pour produire 1 hectolitre d'huile.

Un hectare qui produit 21 hectolitres ou 1,400 kilog. de graines, fournit par conséquent de 490 à 560 kilog. d'huile.

B. Tourteau. — Le résidu qui reste dans la presse constitue ce qu'on appelle le *tourteau de colza*. Ce tourteau est mince, assez friable ; sa couleur est chiné noir, rouge et jaune ; son odeur rappelle un peu celle de l'huile de colza. Il ne conserve ses qualités que quand il a été emmagasiné dans un local sain.

100 kilogr. de graines donnent de 45 à 50 kil. de tourteau.
1 hectol. du poids de 67 kilogr. de 30 à 33   —

On l'emploie comme engrais ou on le donne aux animaux comme substance alimentaire.

Ce tourteau est riche en azote. D'après MM. Payen et Boussingault, il contient à l'état normal 10,5 p. 100 et 4,92 d'azote. Quelque sec qu'il soit, il renferme environ 14 p. 100 d'huile. Voici sa composition moyenne :

Eau.	13,20
Huile.	14,10
Matières organiques.	66,20
Sels.	6,50
	100,00

Chaque tourteau pèse, en moyenne, environ 1 kilog.

Valeur commerciale. — A. GRAINES. — La graine de colza se vend à l'hectolitre. Son prix varie suivant l'abondance des produits et les besoins des huileries et du commerce ; il est en moyenne de 25 fr. l'hectolitre. En général il ne descend pas au-dessous de 18 fr. et il ne s'élève pas au-dessus de 30 fr.

Pour qu'une graine soit de première qualité, il faut qu'elle soit ronde, noire et dure, et qu'écrasée elle offre une chair jaune foncé qui graisse beaucoup. Les semences rougeâtres sont moins recherchées et moins estimées par le commerce et les huiliers.

En Flandre, les graines que l'on regarde comme les meilleures sont celles que l'on récolte à Cambrai, à Douai et à Hazebrouck. Celles des environs de Lille sont plus grosses, mais elles sont un peu moins oléagineuses. Ainsi, la statistique générale constate que le prix moyen des premières est de 25 fr. 60 l'hectolitre, et que les secondes se vendent en moyenne 24 fr. 75.

Voici deux analyses, l'une faite par M. Boussingault et l'autre par M. Moride, qui démontrent que la valeur oléifère des graines de colza varie suivant la provenance de ces semences.

	Graines d'Alsace.	*Graines de Bretagne.*
Huile.	50,00	38,50
Matières organiques.	35,10	55,44
Sels divers.	3,90	3,50
Eau.	11,00	2,56
	100,00	100,00

Tout porte à croire que les graines récoltées en Bretagne avaient été presque complétement desséchées, car en général ces semences contiennent plus de 2 p. 100 d'humidité.

B. Tourteau. — Le tourteau de colza se vend au poids. Les 100 kilog. valent en moyenne 12 à 15 fr.

Prix de revient. — La culture du colza engage par hectare un capital un peu élevé. Voici un extrait de la comptabilité de Grignon et un de Versailles (1). Le premier concerne huit années de culture et près de 240 hectares cultivés en colza ; le second embrasse deux années d'exploitation et 98 hectares.

	Grignon.		*Versailles.*	
Dépenses par hectare.	430 fr.	70	346 fr.	95
Produit brut —	535	80	485	42
Bénéfices —	105	10	138	45
Prix de revient de l'hectolitre. .	20	58	17	03
Prix de vente —	25	60	23	83
Bénéfice par hectolitre. .	5	18	5	80

(1) Cultures de l'ancien Institut agronomique.

M. F. Pigeon a inscrit sur sa comptabilité les moyennes suivantes, résultat de dix années de culture :

Produit, 26 hectol.; dépenses, 566 fr.; bénéfices, 114 fr.

Le compte suivant, concernant la culture du colza dans la plaine de Caen, a été donné par M. Morières :

Valeur locative d'un hectare.	147 fr.	60
Engrais.	218	66
Valeur des plants.	65	60
Préparation du sol.	32	80
Plantation.	32	80
Binage.	16	40
Récolte.	32	80
Frais généraux.	8	00
Total.	554 fr.	66

Ce colza a produit :

	fr.
30 hectolitres de graines qui ont été vendus 25 fr., soit une recette de.	750,00
Ce qui donne un bénéfice par hectare de.	195,34
Et par hectolitre de.	6,52

Tous ces chiffres démontrent qu'on ne peut pas compter réaliser par hectare, à l'aide de la culture du colza, un bénéfice de 449 fr., ainsi que l'a avancé M. de Gasparin. Il faudrait, pour obtenir un tel produit net, récolter en moyenne 40 hectolitres ayant une valeur de 1,000 fr. De tels rendements ne s'obtiennent que très-accidentellement.

Si la culture de cette oléagineuse a occasionné, à Roville, de 1825 à 1835, une perte de 4 fr. 69 par hectare, cela tient à ce que Mathieu de Dombasle ne fumait pas assez les terres qu'il lui consacrait. Si, au lieu d'appliquer seulement par hectare 15,000 à 17,000 kilogr. de fumier, il en eût fait répandre 30,000 kilog., le produit moyen aurait été très-certainement de 23 hectolitres au lieu de 11 hectolitres 50, les dépenses eussent atteint 340 fr. 97 au lieu de 259 fr. 85, les recettes se seraient élevées à 510 fr. 32 au lieu de 255 fr. 16, et au lieu d'une perte il aurait réalisé un bénéfice de 162 fr. 55.

BIBLIOGRAPHIE.

Dupuy-Demportes. — Gentilh. cult., 1762, in-4, t. VI, p. 226.

    ʹʹ   — Société économique de Berne, 1762, in-12, p. 191.

Rozier. — Traité sur la culture du colza, 1774, in-8.

Lebrun. — Mém. de la Soc. cent. d'agr., 1777, trim. d'aut. in-8.

Rozier. — Cours complet d'agriculture, 1783, in-4, t. III, p. 316.

Gruvec. — Encyclopédie méthodique, 1797, in-4, t. III, p. 181.

Marshall. — Cours d'agric. angl., 1808, in-8, t. I, p. 442.

Bosc. — Nouveau cours complet d'agr., 1821, in-8, t. IV, p. 540.

Yvart. — Nouv. cours compl. d'agric., 1823, in-8, t. XIV, p. 571.

Cordier. — Agriculture de la Flandre, 1823, in-8, p. 307.

De Dombasle. — Mém. de la S. d'ag., 1822, in-8, t. I, p. 339.

Thaër. — Principes raisonnés d'agr., 1831, in-8, t. IV, p. 247.

Hotton. — Culture du colza, 1832, in-8.

F. Pigeon. — Mém. de la S. d'agr. de S.-et-Oise, 1832, in-8, p. 197.

Leclerc-Thouin et **Vilmorin**. — Maison rustique, 1836, t. II.

Crud. — Économie de l'agriculture, 1839, in-8, t. II, p. 103.

Schwerz. — Assolement de l'Alsace, 1839, in-8, p. 288.

Fabre. — Culture du colza dans le Sud-Ouest, 1842, in-8.

Rendu. — Agriculture du Nord, 1843, in-8, p. 226.

De Dombasle. — Calendrier du bon cultiv., 1846, in-12, p. 98.

Schlipp. — Manuel d'agriculture, 1844, in-8, p. 134.

Schwerz. — Plantes économiques, 1847, in-8 p. 97.

Royer. — Agriculture allemande, 1847, in-8, p. 58.

Turin. — Culture du colza dans le Berry, 1847, in-8.

Lœuillet. — Encyclopédie moderne, 1847, in-8, t. x, p. 79.

De Gasparin. — Cours d'agriculture, 1848, in-8, t. iv, p. 141.

Bazin. — Compte rendu du Mesnil-Saint-Firmin, 1849, in-8, p. 44.

Du Moncel. — Culture du colza, 1850, in-8.

Richard et **Payen.** — Précis élém. d'agr., 1851, in-8, t. i, p. 509.

Girardin et **Dubreuil.** — C. élém. d'agr., 1852, in-12, t. ii, p. 371.

Le Docte. — Culture des plantes oléagineuses, 1852, in-12, p. 11.

Niel. — Mém. de la Soc. d'agric. de Toulouse, 1852, gr. in.8.

Boitel. — Recueil encyclop. d'agriculture, 1852, in-8, t. iii, p. 181

De Saulcy. — Journ. d'agric. pratique, 1853, 3ᵉ série, t. vii, p. 83.

De Villeneuve. — Manuel d'agric. prat., 1855, in-8, t. i, p. 286.

Morière. — Annuaire de l'Association normande, 1855, in-8, p. 1.

Vilmorin. — Bon jardinier, 1855, in-12, p. 610.

SECTION II.

Navette d'hiver.

BRASSICA NAPUS, L.   BRASSICA ASPERIFOLIA, Lam.

(De *Bressic*, nom celtique du chou.)

Plante dicotylédone de la famille des Crucifères.

Anglais. — Winter rape.   *Espagnol.* — Nabina.
Allemand. — Rübsamen.   *Italien.* — Ravizzone.

Historique. — Climat. — Végétation. — Terrain : nature, préparation, fertilité. — Semis : époque, procédé, quantité de semences,
recouvrement des graines. — Éclaircissage. — Soins d'entretien.
— Insectes nuisibles. — Récolte : maturité, époque, exécution,
battage, conservation des graines. — Rendement : en graines, en
paille. — Rapport des semences à la paille. —Poids de l'hectolitre, quantité d'huile et de tourteau par 100 kil. de graines.
— Usages de l'huile, du tourteau et des tiges sèches. — Valeur
commerciale des graines et du tourteau. — Prix de revient. —
Bibliographie.

Historique. — La navette, appelée quelquefois
ravette ou *rabette*, était cultivée en France au temps
où vivait Olivier de Serres. Suivant La Chesnaye
Desbois, sa culture était répandue, en 1751, dans la
Normandie, la Brie, la Flandre et en Hollande, localités où sa graine donnait lieu à un commerce important. De nos jours on la cultive très en grand
dans les provinces de l'Est, dans le Holstein, la Silé-
sie, etc.

Cette plante est aussi cultivée en Italie sous le
nom de *navone*.

Climat. — Cette oléagineuse est rustique ; dans
les sols sains, elle supporte très-bien les froids rigou-

reux des hivers de la région septentrionale. Si au printemps les neiges tardives lui sont plus nuisibles qu'au colza, parce qu'elles brisent souvent ses tiges, elle redoute moins que cette plante le vent et la sécheresse.

Végétation. — La navette n'atteint jamais un développement aussi grand que le colza d'hiver. Ses feuilles inférieures sont pétiolées, lyrées et hérissées ; ses feuilles supérieures sont glabres, glaucescentes, lancéolées, cordiformes et munies de deux oreillettes embrassantes. Ses fleurs sont d'un jaune foncé, et ses siliques, au lieu d'être horizontales comme celles du colza, sont redressées sur les pédoncules. Ses graines sont plus petites que celles de cette dernière oléagineuse.

Les ramifications de la navette partent ordinairement du collet ; celles du colza se développent sur la tige principale.

Terrain. — A. Nature. — La navette réussit très-bien sur les terrains légers et calcaires ayant une moyenne profondeur. Craignant l'humidité, on doit éviter de la semer sur les terres à sous-sols imperméables. En général, on ne la cultive que sur les sols calcaires-argileux, calcaires-siliceux ou silico-calcaires perméables. Elle végète assez bien dans les sols pierreux.

B. Préparation. — Les terrains consacrés à la navette d'hiver ne demandent pas une préparation aussi parfaite que celle que l'on donne aux terres qui doivent être semées ou plantées en colza. Ordinairement on déchaume le sol aussitôt que la moisson est terminée, et on complète cette opération par un labour et plusieurs hersages exécutés à l'époque où les semailles doivent être faites.

C. Fertilité. — La navette d'hiver est moins exigeante et moins épuisante que le colza d'hiver. Cependant il est utile de ne la cultiver que sur des terres de bonne qualité. Quand elle végète sur des sols pauvres, ses produits sont faibles et leur valeur ne dépasse pas toujours les dépenses. Le plus ordinairement on ne l'adopte comme plante oléagineuse que lorsque la terre appartient à la période céréale, c'est-à-dire produit de bonnes récoltes de froment ou d'abondantes récoltes de seigle. A fertilité égale, ses produits dépassent ceux du colza. C'est pour cette raison qu'elle est toujours cultivée sur des terres d'une richesse moyenne.

Quand la terre n'est pas assez fertile, on applique par hectare la moitié ou au plus les deux tiers de la fumure qu'exige le colza.

Semis. — A. Époque. — Cette crucifère se sème dans le mois de septembre et quelquefois à la fin d'août. Autrefois, on ne pratiquait les semis qu'en octobre, mais l'expérience a prouvé qu'il fallait confier les graines à la terre beaucoup plus tôt. Les plantes qui proviennent de semis exécutés en septembre, ont plus de force pour résister pendant l'hiver à des gelées très-intenses ou à un excès d'humidité.

On ne doit pas semer la navette aussitôt que le colza. Semée en juillet, elle serait trop forte, trop élevée à la fin de l'automne. Les pieds courts, trapus, forts, bien garnis de feuilles, sont ceux qu'il faut regarder comme les plus rustiques et les meilleurs.

B. Procédé. — On a proposé : 1° de semer la navette d'hiver en pépinière et d'exécuter sa transplantation à l'époque où l'on opère la mise en place des plants de colza ; 2° de pratiquer les semis en lignes. Le premier mode de culture, en usage en Angleterre, il y a bientôt un siècle, occasionne des dépenses qui ne sont pas en rapport avec la valeur du produit en graines de la navette ; le second n'est nécessaire que lorsqu'on cultive cette plante, ce qui ne doit pas avoir lieu, sur des terres envahies par des plantes nuisibles à racines traçantes ou susceptibles de produire en grand nombre de mauvaises herbes.

On doit répandre la graine à la volée et à demeure. Ce mode d'ensemencement est celui que l'on a adopté dans la Picardie, la Champagne, la Normandie, etc. L'expérience a prouvé qu'il ne laisse rien à désirer quand il a été bien exécuté.

C. QUANTITÉ DE SEMENCES. — On répand par hectare de 6 à 8 litres de graines.

D. RECOUVREMENT DES GRAINES. — On recouvre les semences par un hersage. La graine de navette est trop volumineuse pour qu'on puisse l'enfouir par un roulage. On doit l'enterrer à $0^m,03$ ou $0^m,05$ de profondeur.

Éclaircissage. — Lorsque les graines ont bien germé et qu'elles ont donné naissance à un très-grand nombre de pieds, il faut détruire ceux qui sont superflus à la fin de septembre ou pendant le mois d'octobre, c'est-à-dire quand la navette a développé 4 à 6 feuilles.

On n'exécute pas cet éclaircissage à la main ou au moyen de la binette. On la pratique à l'aide d'une herse. Ainsi, par un beau temps, on fait traîner une herse légère par un cheval sur les endroits où les plants sont trop épais. Les dents de cet instrument déracinent un nombre plus ou moins grand de pieds, suivant la manière dont il aura été réglé.

Un champ est suffisamment garni quand les pieds sont éloignés de $0^m,16$ à $0^m,20$.

On ne doit nullement s'effrayer du travail de la herse. Si le hersage a été bien exécuté, il restera sur la terre assez de plants pour que la couche arable soit complétement abritée à la fin de l'automne par la navette.

Cette manière d'éclaircir les semis de navette trop drus est très-économique. J'ai dit, en parlant de la culure des navets sur un chaume de céréales, qu'on les éclaircissait de cette manière. (*Voir* LES PLANTES FOURRAGÈRES.)

Si l'on hésitait à détruire les plants superflus avec la herse, il faudrait les enlever à la main.

On a proposé d'éclaircir les semis trop drus en traçant des allées avec un extirpateur auquel on a laissé seulement les socs placés sur la traverse postérieure du bâti. Ce moyen est imparfait puisqu'il oblige à éclaircir les plans qui restent sur le sol.

Soins d'entretien. — La navette ne réclame aucune culture d'entretien si la terre a été bien préparée et si elle est propre.

Si l'on constatait, en octobre, qu'un certain nombre de pieds de *moutardon* (SINAPIS ARVENSIS, L.), de *ravenelle* (RHAPHANUS RHAPHANISTRUM, L.) se sont développés en même temps que la navette, il faudrait les enlever en exécutant un ou deux sarclages.

Animaux nuisibles. — La limace grise fait souvent beaucoup de dégâts aux champs de navette. On amoindrit ses ravages en répandant de la poudre de chaux sur les plantes qu'elle attaque.

Récolte. — A. ÉPOQUE. La navette d'hiver se récolte en juin, dans les provinces du Nord et de l'Est, et à la fin de mai, dans les contrées du Midi. En Angleterre, cette plante n'arrive à maturité qu'en juillet.

Elle mûrit toujours un peu avant le colza d'hiver.

B. MATURITÉ. — Cette plante est arrivée à maturité quand les tiges et les siliques ont pris une teinte jaunâtre et lorsque les graines des premières siliques sont noires ou très-brunes. On ne doit procéder à la récolte ni trop tôt ni trop tard. Dans le premier cas, les graines conservent une teinte rougeâtre; dans le second, on perd beaucoup de semences par l'égrenage.

C. PROCÉDÉ. — On procède à la récolte de trois manières : 1° on arrache les tiges ; 2° on les coupe avec la faucille ; 3° on les sépare avec la faux.

1° *Arrachage.* — Lorsque les terres sont légères, on arrache les tiges et on les dépose en javelles par poignées sur le sol. Cette opération est expéditive. On peut la confier à des femmes ou des enfants.

2° *Faucillage.* — Lorsque la navette végète sur des sols argileux ou un peu compactes, et qu'on opère la récolte par un temps sec, on coupe les tiges avec une faucille bien tranchante. Dans de telles conditions, l'arrachage n'est pas possible, à moins de se résigner à supporter la perte qui en résulterait.

3° *Fauchage.* — On peut remplacer la faucille par

la faux. Cet instrument permet d'agir promptement. Toutefois, comme il égrène plus que la faucille, on se trouve dans la nécessité, lorsqu'on s'en sert, d'opérer de préférence le matin, quand les plantes sont encore couvertes de rosée, le soir ou pendant la nuit.

La *faux* est *nue* ou *armée* d'un *crochet* ou d'un *playon*, suivant la hauteur des tiges et leur degré de maturité.

D. JAVELAGE. — La navette une fois arrachée ou coupée reste en javelles sur le sol jusqu'à ce que les siliques et leurs graines soient complétement mûres.

La durée du javelage varie entre trois et six jours, suivant la latitude où la navette est cultivée et selon aussi le degré de dessiccation qu'elle avait atteint avant la récolte.

On peut renoncer au javelage et mettre les tiges, liées ou non, en petites meules ou moyettes.

E. BATTAGE. — L'égrenage des siliques se fait sur une bâche établie en plein champ ou à l'intérieur d'une grange. (*Voir* COLZA D'HIVER, *battage*, p. 45.)

En Angleterre, le battage de la navette constituait, vers 1780, une des scènes les plus remarquables que puisse présenter l'agriculture. Les jours où il se pratiquait étaient considérés comme des jours de fête publique, et une foire ne présentait pas plus d'animation. Les ouvriers étaient divisés en *ramasseurs, porteurs, étendeurs, batteurs, retourneurs, enleveurs, râteleurs, cribleurs* et *remplisseurs*. Cette opération se répétait dans la vallée du Yorkshire toutes les fois que la navette était cultivée sur une étendue de 8 à 12 hectares. Cette scène champêtre et pittoresque a été très-bien décrite par Marshall.

On peut aussi battre la navette sur place ou à l'intérieur des bâtiments, au moyen d'une machine à battre. Ses tiges, bien moins développées que celles du colza d'hiver, passent facilement entre le batteur et le contre-batteur, si surtout la mobilité de ce dernier a permis de l'éloigner des battes plus que de coutume.

Nettoyage des graines. — Les graines de navette, après avoir été déposées dans un grenier avec une certaine quantité de siliques, sont remuées deux ou trois fois par semaine, afin qu'elles ne s'échauffent pas. Quand elles sont sèches, on les nettoie à l'aide d'un tarare et d'un crible. (Voir *nettoyage du colza*, p. 50.)

Conservation des graines. — Les graines que l'on conserve dans les greniers demandent les mêmes soins que les semences de colza.

Rendement. — La navette d'hiver, cultivée sur des terres à froment, donne de bons produits. L'expérience permet de dire que ce rendement est sensiblement égal à celui que fournit le colza. Voici les produits moyens que l'on a obtenus par hectare :

Gaujac	(Seine-et-Marne)........	31	hectolitres.
Bella	(Seine-et-Oise).........	20	—
Risler	(Bas-Rhin)............	20	—
De Dombasle	(Meurthe)............	16	—
Thaër	(Basse-Saxe)..........	29	—
Marshall	(Angleterre)..........	28	—
Burger	(Autriche)............	27	—
Podwills	(Carinthie)...........	25	—
	Moyenne..............	24 hect. 50	

Dans le Holstein, on récolte en moyenne, suivant Rixen, 44 hectolitres. Ce produit doit être regardé comme un rendement tout à fait exceptionnel.

Poids de l'hectolitre. — La graine de navette est un peu moins pesante que celle du colza. Lorsqu'elle est de belle qualité, elle pèse de 64 à 68 kilog. l'hectolitre.

Cette graine est plus petite que celle du colza. Un litre en contient de 220,000 à 255,000.

Rapport des graines à la paille. — La navette d'hiver, ayant des tiges plus grêles et moins élevées que le colza, produit moins de paille par hectare.

D'après les faits constatés à Grignon, les graines sont à la paille : : 100 : 12.

Ainsi, lorsqu'un hectare produit 20 hect. de graines, on peut compter récolter environ 1,600 kilog. de tiges sèches.

Quantité d'huile et de tourteau fournie par les graines. — La graine de navette fournit moins d'huile que la semence de colza. On en obtient ordinairement environ 33 kilog. par 100 kilog. de graines.

Ainsi, 1 hectolitre de semences pesant 66 kilog., doit donner 25 kilog. d'huile.

La navette fournit plus de tourteau que le colza. On a reconnu que 100 kilog. de graines fournissent 62 kilog. de tourteau, et 1 hectolitre, de 40 à 42 kilog.

Valeur commerciale des produits. — A. HUILE. — L'huile de navette est aussi employée pour l'éclairage, la fabrication des savons mous, le foulage des étoffes, etc. Elle se vend le même prix que l'huile de colza.

B. GRAINES. — Les graines de cette plante atteignent rarement le prix que l'on accorde aux semences de colza.

Le commerce préfère les graines récoltées dans la plaine de Caen, et après celles-ci, celles qui proviennent des environs de Rouen. Les graines récoltées dans la Lorraine et la Franche-Comté sont moins estimées.

C. TOURTEAU. — Le commerce n'établit pas de différence entre le tourteau de navette et celui de colza. Tous les deux se vendent le même prix.

Usage de la paille et des siliques. — Les tiges de navette, toujours plus blanchâtres que celles du colza, sont employées comme litière. Cette paille absorbe assez facilement les urines.

On peut employer les siliques.

BIBLIOGRAPHIE.

Bosc. — Encyclopédie méthodique, 1797, in-4, t. v, p. 416.

Rozier. — Cours complet d'agric., 1799, in-4, t. viii, p. 554.

Marshall. — Agr. prat. de l'Angleterre, 1803, in-8, t. i, p. 297.

Yvart. — Cours complet d'agricult., 1823, in-8, t. xiv, p. 196.

Vilmorin et Leclerc-Thouin. — Maison rustique, t. ii, p. 8.

Schwerz. — Culture des plantes économiques, 1847, in-8, p. 125.

De Gasparin. — Cours d'agriculture, 1848, in-8, t. iv, p. 149.

Rey. — L'Agriculteur praticien, 1851, in-12, p. 246.

SECTION III.

Rutabaga.

BRASSICA RUTABAGA.

(De *bressic*, nom celtique du chou.)

Plante dicotylédone de la famille des Crucifères.

Anglais. — Swedish turnip.   *Allemand.* Swedische rübe.

Le rutabaga, dont j'ai décrit la culture comme plante fourragère (Voir les *plantes fourragères*) a été proposé comme plante oléifère.

Cultivé en 1817 par M. Vilmorin, sur des terres légères, il a fourni 2,000 kilog. de graines par hectare, soit environ 30 hectolitres.

Ce résultat est remarquable ; mais il ne me permet pas de proposer cette crucifère comme plante oléagineuse. J'ai dit, dans les *plantes fourragères*, qu'elle redoutait pendant l'hiver les sols humides et que sa racine était sujette à pourrir du collet durant cette saison quand elle végétait sur de tels terrains. J'ajouterai que les vents violents détachent et renversent souvent les tiges alors qu'elles sont chargées de siliques.

Quoi qu'il en soit, le rutabaga peut donner par hectare, suivant M. Gaujac, les produits moyens suivants :

Graines 1950 kil. ; huile 650 kil. ; tourteau 1216 kil.

Ainsi 100 kilog. de graines fournissent 33 kilog. d'huile et 62 kilog. de tourteau.

SECTION IV.

Julienne.

HESPERIS MATRONALIS, L.

(De ἕσπερος, soir; allusion au parfum que les fleurs exhalent le soir.)

Plante dicotylédone de la famille des Crucifères.

Anglais. — Rocket.   *Italien.* — Giuliana.
Allemand. — Fauennacht.   *Espagnol.* — Violo matronal.

Cette oléagineuse est bisannuelle. On la cultive dans les jardins comme plante d'ornement. Ses fleurs ont beaucoup de rapport avec celles de la giroflée blanche et simple.

On la sème au mois de septembre ou d'octobre. Les semis doivent être faits en lignes. La graine se répand à raison de 3 à 5 kil. à l'hectare.

La julienne (*fig.* 15) a été expérimentée par un

Fig. 15. — Julienne.

grand nombre d'agriculteurs, et presque toujours on a reconnu qu'elle donnait de beaux produits.

Ces résultats, obtenus à l'aide de cultures faites sur de petites surfaces et dans des terres très-riches, n'ont pas été confirmés lorsqu'on a cultivé la julienne en grand.

C'est le chanoine Delys qui a extrait le premier, en 1787, de l'huile des graines de la julienne. Voici les résultats qu'il obtint et qui l'engagèrent à en recommander la culture :

Graines, 8 kil. 800, huile, 7 lit. 78 ; soit 50 pour 100.

Sonini de Mononcourt expérimenta aussi cette plante et il constata comme l'abbé Delys que ses graines donnaient plus d'huile que celle de navette.

Mais Vilmorin a reconnu que son produit en graines laissait à désirer, et Gaujac a constaté que ses semences donnaient seulement 350 kilog. d'huile par hectare, soit 18 pour 100. Ce rendement est évidemment trop faible pour qu'on puisse la recommander comme une bonne plante oléagineuse.

L'huile que fournit la julienne est très-âcre et amère. Lorsqu'on la brûle, elle produit une fumée abondante qui noircit le linge des personnes qui travaillent à la lumière de cette huile.

Je mentionne ici cette crucifère, qu'on ne cesse de préconiser depuis trente ans, afin qu'on sache qu'elle n'a aucun mérite comme plante oléifère.

BIBLIOGRAPHIE.

Sonini de Mononcourt. — Culture de la julienne, 1804, in-8.
Gaujac. — Annales de l'agr. française, in-8, 1re série, t. XLI.
Vilmorin et Leclerc-Thouin. — Maison rustique, t. II, p. 11.

CHAPITRE II.

PLANTES ANNUELLES.

SECTION PREMIÈRE.

Pavot ou Œillette.

PAPAVER SOMNIFERUM, L.

(Du celtique *papa,* bouillie; allusion à l'aliment qu'on préparait autrefois
avec les graines.)

Plante dicotylédone de la famille des Papavéracées.

Anglais. — Poppy.　　　　　*Portugais.* — Dormidiera.
Allemand. — Mohn.　　　　　*Espagnol.* — Dormidera.
Hollandais. — Meutzaad.　　*Italien.* — Papavero.
Suédois. — Valmo.　　　　　*Polonais.* — Mak.

Historique. — Climat. — Végétation. — Variétés. — Composition.
— Terrain : nature, préparation, fertilité. — Quantité d'engrais
nécessaire. — Semailles : époque, exécution, quantité de graines,
recouvrement des semences. — Germination. — Soins d'entretien :
premier et deuxième binage, éclaircissage, troisième binage. —
Insectes, animaux et agents atmosphériques nuisibles.—Récolte de
l'œillette ordinaire : époque, exécution ; arrachage, dessiccation et
battage des tiges.—Récolte du pavot aveugle.—Nettoiement et conservation des graine. — Poids de l'hectolitre. — Rendement. —
Rapport des graines aux tiges. — Quantité d'huile contenue dans
les graines. — Usage de l'huile. — Nature du tourteau. — Emploi des tiges. —Valeur commerciale des graines, huile, tourteaux
et tiges sèches. — Bibliographie.

Historique. — La culture du pavot n'est pas
très-ancienne ; elle prit naissance en France dans
les premières années du XVIIIe siècle ; mais pendant

longtemps l'huile que ses graines fournissaient fut seulement employée dans l'industrie et les arts, car on la regardait comme nuisible pour la vie humaine.

En 1717, le lieutenant général de police consulta la Faculté de médecine afin de savoir si elle contenait un narcotique, ainsi que le disaient ceux qui demandaient qu'elle ne fût pas vendue pure; mais quoique la Faculté eût déclaré que cette huile ne renfermait rien qui pût altérer la santé, et que l'usage devait en être permis (1), une sentence du Châtelet, en date du 17 janvier 1718, fit défense à tous les marchands d'huile de pavot de mêler celle-ci à l'huile d'olive, sous peine d'une amende de 3,000 livres. Cet arrêt n'empêcha pas les huiliers de continuer de faire leur mélange.

De nouvelles plaintes ayant été adressées au chef de la police, celui-ci obtint du Châtelet, le 11 mars 1735 et le 6 juillet 1742, de nouveaux arrêts, qui ordonnaient aux marchands de comestibles de jeter dans chaque baril d'huile d'œillette 500 grammes d'essence de térébenthine. Ces arrêts furent confirmés, le 22 décembre 1754, par des lettres patentes que le parlement enregistra le 29 janvier 1755. Ces lettres, qui étaient contraires à l'avis que la Faculté de médecine avait donné le 28 juin 1717, puisqu'elles portaient que l'huile de pavot dite *huile d'œillette* avait été reconnue de tout temps d'un usage pernicieux, frappèrent vivement l'abbé Rozier.

(1) Cum sensuissent doctores nihil narcotici, an sanitati inimici in se continere, ipsius usum tolerandum esse existimaverunt. (*Registres de la Faculté*, t. xviii, p. 150.)

Convaincu que ces arrêts avaient été rendus sur la demande de personnes intéressées, il entreprit une suite d'expériences dans le but de bien constater que l'huile de pavot ne contenait rien de narcotique, rien de dangereux, et lorsque, en 1773, il eut acquis la certitude qu'elle était très-salubre, il s'adressa au lieutenant de police, et lui demanda que la Faculté fût de nouveau consultée. Cette compagnie rendit, le 12 février 1774, un décret qui confirma l'avis qu'elle avait donné cinquante-sept ans auparavant, et la décision rendue le 16 septembre de l'année précédente par le collége des médecins de Lille. Cette sentence donna à Rozier l'occasion de demander de nouveau le retrait des arrêtés qui défendaient l'usage de l'huile de pavot. A force de démarches et de sollicitations, il obtint des lettres patentes permettant la fabrication et la vente de cette huile sans la mélanger avec d'autres substances. Les félicitations que Rozier reçut des agriculteurs, le dédommagèrent des persécutions dont il fut l'objet de la part de ceux auxquels les lois fiscales et de prohibition qu'il avait renversées, permettaient de réaliser d'immenses bénéfices au détriment de l'agriculture.

C'est sous l'empire de ces arrêts que la culture du pavot s'introduisit dans l'Artois, l'Alsace et la Lorraine; avant cette époque, elle n'était pratiquée qu'en Flandre. En 1820, année durant laquelle périrent un si grand nombre d'oliviers dans le midi de la France, la Société centrale d'Agriculture de Paris lui imprima une impulsion remarquable, en proposant des prix de 2,000 et 1,000 francs aux cultivateurs qui la pratiqueraient dans les localités où elle était encore inconnue. Cette Société pensait avec juste raison que la culture des plantes oléifères, usitée dans le nord de la France, est bien suffisante pour nous dispenser, quand la récolte des olives n'est pas abondante, de tirer des huiles de l'étranger, et que l'huile de pavot remplace, mieux qu'aucune autre, celle de l'olivier.

Voici quelles ont été les importations de l'huile d'olive :

	Importation.	*Valeur.*
1840.	36,500,000 kil.	29,500,000 fr.
1855.	29,599,000	36,300,000

Les exportations pendant ces deux années ne se sont pas élevées au delà de 1,300,000 kilog.

La France a importé, en 1855, 1,586,000 kilog. de pavot œillette, ayant une valeur de 461,000 fr.

Les froids intenses et tout à fait extraordinaires qui ont en lieu en janvier 1855, dans les contrées du Midi, ont gelé un grand nombre d'oliviers. On sait que la plupart périrent en 1789, année durant laquelle le thermomètre descendit pendant dix-neuf jours à 15° 63, au-dessous de 0.

Ces désastres déplorables et l'importance des importations d'huile d'olive nous engagent à vivement insister pour que le pavot, cet olivier du Nord, comme l'appelait Royer, soit désormais plus cultivé qu'il ne l'a été jusqu'à ce jour ; quand sa culture réussit, il donne un bénéfice net qu'il est difficile d'obtenir par l'intermédiaire du colza. Cette plante a, en outre, l'avantage de pouvoir remplacer cette dernière oléifère quand elle a été détruite par les gelées et les dégels, ou par les alouettes.

Le pavot œillette est cultivé dans les départements du Nord, du Pas-de-Calais, de l'Aisne, de la Somme, du Haut et du Bas-Rhin, de la Meurthe, de la Meuse, etc.

Climat. — Le pavot peut être cultivé sous tous les climats. On le multiplie en Carinthie, à plus de 1,000 mètres au-dessus de la mer; on le cultive dans l'Inde dans les districts de Behar, Patna et Malwah jusqu'à 3,000 mètres au-dessus du niveau de la mer. Toutefois, s'il résiste bien aux gelées à glace, il redoute un excès d'humidité et surtout les dégels. C'est pourquoi on le sème de préférence au printemps dans les contrées du nord de la France. Mais comme

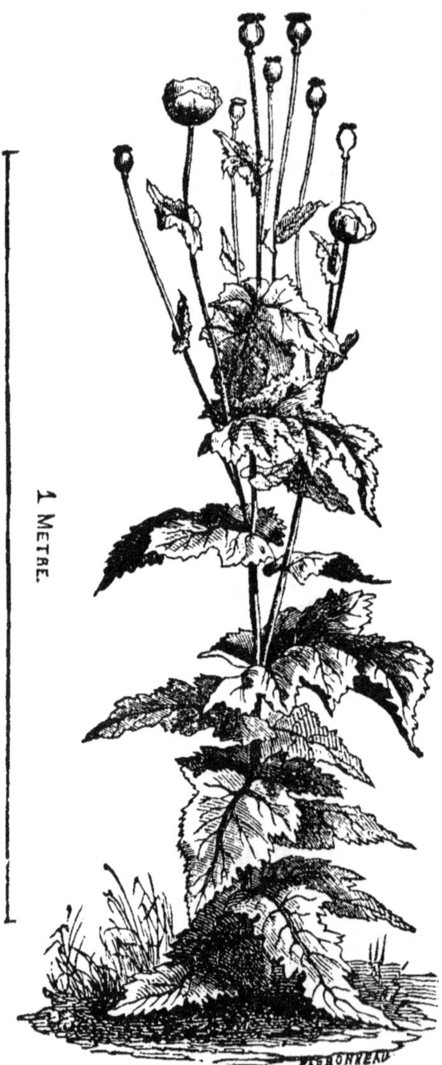

Fig. 16. — Pavot-œillette.

il craint, lorsqu'il est jeune, le printemps et principalement les étés secs, on se trouve dans la nécessité, dans les provinces du midi de l'Europe, de pratiquer les semailles en automne. Ainsi cultivé, il supporte très-bien, dans le Midi et en Algérie, les fortes chaleurs de mai et de juin.

Végétation. — Le pavot (*fig.* 16) appartient à la famille des papavéracées; sa racine est pivotante; sa tige est droite, lisse, cylindrique, rameuse ou ramifiée à 2 ou 3 décimètres du sol, et haute de 1 mètre à 1^m,50; ses feuilles sont larges, embrassantes, alternes, incisées, dentées, glabres et glauques; les fleurs, chiffonnées dans le bouton, sont grandes et à quatre pétales planes; les fruits, appelés *têtes de pavot* ou capsules, sont presque globuleux et couronnés d'un stigmate sessile et étoilé par douze à treize rayons; à leur intérieur (*fig.* 17), on remarque des cloisons papyracées qui se fendent à la maturité, et qui forment alors autant de lames ou fausses cloisons que le stigmate offre de rayons ou de divisions.

Lorsque les plantes sont vertes, elles ont une forte odeur vireuse peu agréable, et les tiges et les capsules sont gonflées d'un suc propre ordinairement laiteux.

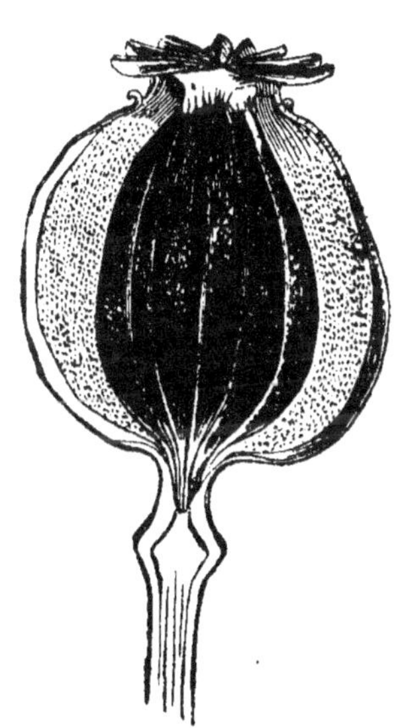

Fig. 17. — Coupe d'une capsule.

Sous le climat de Paris, les boutons apparaissent en juin et les fleurs s'épanouissent en juillet.

Dans le Midi, c'est en mai qu'a lieu la floraison.

En général, les jeunes plantes ont une jeunesse lente, mais lorsqu'elles ont atteint de 0^m,20 à 0^m,30 de hauteur, elles montent vite, surtout si l'atmosphère est à la fois chaude et humide, et elles fleurissent ordinairement vers le quatrième mois qui suit la germination. Quant à la récolte, elle a lieu six semaines ou deux mois après la floraison. Ainsi, les plantes qui proviennent de semis exécutés à la fin de l'hiver, accomplissent toutes leurs phases d'existence dans un laps de temps qui varie entre le cinquième et le sixième mois.

D'après les remarques de M. de Gasparin, le pavot exige pour mûrir 2,300 degrés de chaleur totale depuis l'apparition des cotélydons à la surface de la terre ; la fève en exige 2,500.

Variétés. — On cultive deux variétés de pavot.

A. *Pavot-œillette ordinaire.* — Cette variété est la plus cultivée ; on la nomme *oliette, pavot gris, pavot à fleurs pourprées, pavot rouge, pavot noir, pavot à capsules ouvertes* (PAPAVER SOMNIFERUM, L.). Elle a des fleurs lilas, blanc rosé avec une tache violet noirâtre à la base des pétales (*fig.* 18). C'est par erreur que Tessier indique que la fleur est rouge.

Fig. 18. — Fleur de pavot-œillette.

Les capsules (*fig.* 19) offrent à la maturité des opercules ou simples spores sous le disque stigmatifère, et elles prennent une teinte légèrement violacée ou bleuâtre ; c'est pourquoi on désigne quelquefois cette variété sous le nom de *pavot bleu*. Thaër dit que le stigmate se détache de lui-même lorsque les semences sont mûres ; ce fait n'a lieu que très-accidentellement. Le plus ordinairement il reste attaché à la capsule sur laquelle il forme une sorte de toit, dans le but de préserver les graines de l'action des pluies.

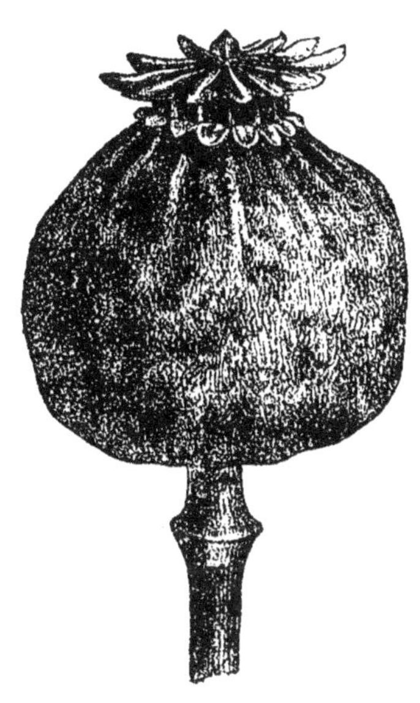

Fig. 19. — Capsule de pavot-œillette.

Les semences sont très-petites et nombreuses, et de couleur gris perle foncé. On a souvent dit que ces graines étaient noires ; cette coloration n'est pas celle que présentent les graines qui ont été bien récoltés.

A cause des opercules que possèdent les têtes de cette variété, il faut, autant que possible, qu'elle soit cultivée dans des champs abrités des vents violents.

B. *Pavot aveugle.* — Cette variété, à laquelle on a donné les noms d'*œillette aveugle*, *pavot gris sans opercules*, *pavot à capsules fermées* (PAPAVER SOMNIFERUM INAPERTUM), n'est cultivée qu'en Alsace et en Allemagne, et la culture du pavot décrite par Thaër la concerne exclusivement.

Cette variété diffère de la précédente en ce que ses fleurs sont plus foncées, ses capsules plus grosses, et que ces dernières n'offrent pas de valvules ou d'opercules sous le disque stigmatifère.

(*Voir* pour la culture du *pavot blanc* et du *pavot à opium* les PLANTES NARCOTIQUES.)

Composition. — Suivant M. de Gasparin, les graines de pavot contiennent 3,05 d'azote, et les tiges 0,50.

Analysées par M. Boussingault, les graines ont donné :

Huile	41,0
Matières organiques non azotées	13,7
— — azotées	17,5
Ligneux	6,1
Phosphates et sels	7,0
Eau	14,7
	100,0

Terrain. — Il est peu de plantes agricoles qui soient aussi difficiles que le pavot sur la nature et la préparation du sol sur lequel il peut être cultivé.

A. NATURE. — Il demande une terre très-propre, profonde, un peu légère, douce, calcaire-argileuse, calcaire-siliceuse et substantielle; il réussit très-bien sur les alluvions riches. Dans les sols légers, il ne trouve pas assez de fraîcheur pendant les fortes chaleurs, et presque toujours il y manque de fixité. Mais ces terres ne sont pas les seules sur lesquelles sa réussite soit très-incertaine; les sols à sous-sols imperméables, les terrains humides et les sols très-argileux lui sont aussi peu favorables. A Hohenheim, on a cessé de le cultiver à cause de la nature forte des terres.

B. Préparation. — Quelle que soit la nature des terrains sur lesquels le pavot doit être cultivé, il est indispensable que la couche arable soit parfaitement préparée. On donne ordinairement aux terres un labour d'hiver, et cette opération est suivie après les gelées à glace par un second et même un troisième labour, si la nature du sol l'exige.

En général, les terres qui ont supporté précédemment une récolte de betteraves, de carottes, de chanvre ou de tabac, peuvent être très-bien préparées par deux labours, si le premier a été exécuté en automne, aussitôt après les ensemencements des céréales d'hiver.

Comme la terre doit être très-meuble ou aussi pulvérulente que possible à l'époque des semailles, à cause de la finesse de la graine, on n'exécute le dernier labour que vers la fin de février, en ayant soin de le pratiquer par un temps sec. Cette opération est suivie par un ou deux hersages exécutés aussi par un beau temps. C'est en préparant ainsi la terre que l'on parvient à ameublir le plus possible sa surface.

Dans le nord de la France, on regarde comme essentiel pour la réussite de l'œillette, d'ameublir complétement la superficie des terres, tout en laissant le fond ferme, probablement dans le but de permettre aux plantes d'avoir, par l'intermédiaire de leurs racines, une plus grande fixité, et de mieux résister par conséquent à l'action des vents violents.

C. Fertilité. — Le pavot a été regardé par plusieurs agriculteurs comme une plante peu épuisante. Les faits que la pratique a permis de recueillir ne confirment pas cette observation; ils obligent au contraire de dire qu'il faut le considérer comme très-exigeant par rapport à la fertilité du sol. C'est pourquoi on ne doit le cultiver que sur les terres riches et fertilisées par une bonne fumure. Dans les sols pauvres, la valeur de son produit excède bien rarement les dépenses que nécessite sa culture.

Quantité d'engrais nécessaire. — Selon Crud, 100 kil. de graines enlèveraient au sol 909 kil. de fumier et 1 hectolitre du poids de 66 kil. 600 kil. MM. Girardin et Dubreuil adoptent ces derniers chiffres, et croient qu'une fumure de 13,200 kil. doit produire une récolte de 22 hectolitres par hectare. M. de Gasparin considère le pavot comme plus épuisant. D'après ses observations, c'est 3,990 kilog., qu'il faudrait appliquer pour obtenir 100 kilog. de graines. Si l'hectare pouvait produire 30 hectolitres, la fumure à répandre sur cette superficie s'élèverait donc à 68,840 kil.: sur cette quantité, le pavot enlèverait seulement 18,580 kilog., et il resterait dans le sol 50,260 kilog. de fumier.

Dans la pratique, la fumure que l'on applique pour cette oléagineuse est bien moins considérable. En Flandre, on répand par hectare, quand on n'emploie pas de fumier et d'engrais flamand, 1,500 kilog. de tourteau de colza. Comme cette fumure permet d'obtenir 1,000 kilog. de graines, il en résulte que 100 kilog. peuvent être produits par 125 kilog. de tourteau dosant, d'après M. Soubeiran, 5,55 d'azote et équivalant à 1,387 kilog. de fumier.

A Grignon, le pavot vient après une fumure de

40 hectol. ou 2,100 kilog. de poudrette, et produit en moyenne, par hectare, 16 hectol. 50 ou 1,000 kilog. de graines. Comme la poudrette contient en moyenne 1,77 pour 100 d'azote, cette fumure doit être regardée comme équivalente à 9,300 kilog. de fumier dosant 0,40 d'azote. Cette quantité explique pourquoi les récoltes de pavot, à Grignon, ne sont pas plus élevées.

On a dit qu'avec 1,000 à 1,200 kil. de tourteau, on pouvait compter sur une récolte de 18 hectol. par hectare : une telle fumure serait certainement insuffisante si la terre n'était pas très-riche. Je reste convaincu qu'il faut appliquer 1,100 kilog. de fumier par chaque 100 kilog. de graines que la nature du sol permet d'espérer. Ainsi, pour obtenir une récolte de 20 hectolitres ou 1,300 kilog., la fumure devrait être de 14,000 kilog. de fumier. Dans le cas où cette culture serait suivie, comme cela a souvent lieu, par un froment d'hiver pouvant produire 24 hectolitres ou 1,920 kilog. par hectare, la quantité de fumier à répandre serait de 27,000 à 30,000 kilog.

Toutes choses égales d'ailleurs, l'engrais à appliquer doit être riche en azote, et on doit éviter d'employer ceux qui ne se décomposent pas très-vite ou très-lentement, parce que le pavot accomplit toutes ses phases de coexistence dans l'espace de six mois environ.

Semailles. — A. ÉPOQUE. — Les semis de pavots se font vers la fin de février, en mars, et en dernier lieu dans la première quinzaine d'avril, dans la région septentrionale de la France.

Crud conseille de répandre la graine sur la neige ; cette méthode, proposée aussi par Thaër, réussit bien rarement. On a dit qu'on pouvait exécuter les semailles jusqu'en mai ; mais des semis faits à une époque aussi tardive sont presque toujours incertains.

En général, les semis hâtifs sont ceux qu'il faut pratiquer de préférence, parce que les plantes sont toujours plus développées quand arrivent les grandes chaleurs, et qu'elles donnent, en outre, plus de graines ; mais on se tromperait si on pensait, avec Mathieu de Dombasle, qu'il faut de toute nécessité semer le pavot avant le 1ᵉʳ mars.

Dans le Midi et en Algérie, les semis se font en octobre ou dans les premiers jours de novembre. Si on les pratiquait à la fin de l'hiver, les plantes n'auraient pas assez de force pour résister aux hâles ou aux sécheresses de mars ou d'avril.

B. Exécution. — Dans la région du Nord, on sème encore le pavot œillette à la volée. Toutefois, sur quelques exploitations, on a renoncé à cette semaille pour répandre la graine en lignes parallèles, distantes les unes des autres de 1ᵐ,40 à 0ᵐ,60. En pratiquant ainsi les ensemencements, on rend les cultures d'entretien plus faciles à exécuter et moins dispendieuses.

Les semis en lignes se font au moyen : 1° d'un semoir à cheval ; 2° d'un semoir à brouette ; 3° d'une bouteille (*fig.* 20) ; 4° de la main.

Quand les graines doivent être répandues à l'aide d'un semoir à brouette ou avec la main, on doit rayonner préalablement le sol. Ce travail s'exécute

à l'aide d'un rayonneur traîné par un cheval, au
moyen du rayon-
neur ou d'un cor-
deau et d'un tra-
çoir. Toutefois,
comme la graine
de pavot est très-
fine, et qu'elle
doit être légère-
ment recouverte,
il est utile de ne
tracer que des
sillons petits et
superficiels.

Souvent, pour
rendre les semail-
les à la main plus

Fig. 20. — Bouteille servant à semer les graines
dans les rayons.

faciles et plus régulières, on mêle les semences à
deux ou trois fois leur volume de sable, de terre sèche
tamisée ou de cendres de foyer. Ces semis doivent
être faits par un temps calme, afin que la graine ne
tombe pas au delà des rayons qui doivent la recevoir.

On fait une bonne opération toutes les fois qu'on
peut répandre un engrais pulvérulent, d'une prompte
solubilité, concurremment avec les graines. Cet engrais a ce grand avantage qu'il excite la végétation
des jeunes plantes et les rend plus aptes à résister
aux premières chaleurs ou sécheresses du printemps
et à l'envahissement du sol par les mauvaises herbes.

C. Recouvrement des graines. — Lorsque les
graines sont semées à l'aide d'un semoir à cheval, du

semoir Jaquet Robillard, par exemple, il n'est pas nécessaire ensuite de les recouvrir, puisque les tubes
les conduisent jusque dans la couche arable. Il n'en
est pas de même pour les semis faits avec le semoir
à brouette de Dombasle, à l'aide de la main ou d'une
bouteille : il faut pratiquer après le semis un hersage
léger, un râtelage ou un roulage. On peut aussi faire
passer sur toute la surface ensemencée un fagot d'é-
pines ou une herse milanaise (*fig.* 21).

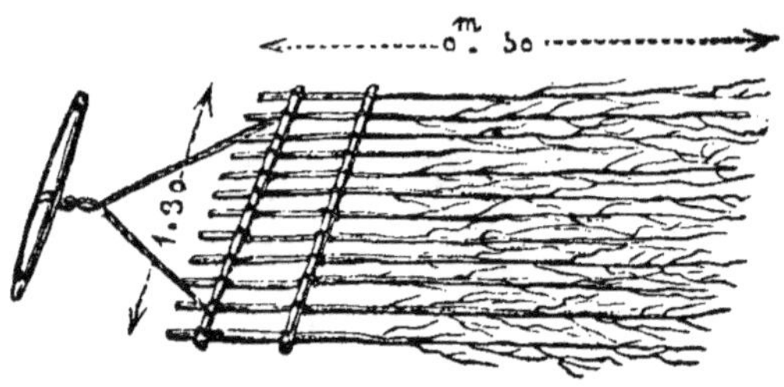

Fig. 21. — Herse milanaise.

Quand on prévoit, après la semaille, une pluie
prochaine, ce qui est très-rare, parce que les semis
doivent être faits par un très-beau temps et lorsque
la terre est très-meuble et sèche, on peut se dispenser de couvrir les graines.

D. QUANTITÉ DE GRAINES. — Lorsque les semis ont
lieu à la volée, on répand par hectare de 4 à 5 litres
ou à 2 à 3 kilog. de semences. En Alsace, on ne
sème que 2 litres par hectare.

Les semailles en lignes exigent moins de graines.
On doit en répandre de 2 à 2 kilog. 500 ou environ
3 litres.

Schwerz recommande d'employer aussi peu de
graines que possible, 168 à 338 grammes par hec-

taée; cette faible quantité non-seulement est insuffisante, mais il serait presque impossible de la répandre avec régularité.

M. Louis Vilmorin a constaté que 1 litre de pavot-œillette du poids de 620 grammes contient un million de graines.

Les cotylédons du pavot (*fig.* 22) apparaissent à la surface du sol quand la température est en moyenne a 10° au-dessus de zéro, au bout de douze à quinze jours. Comme toutes les plantes agricoles dicotylédonées à cotylédons très-étroits, la première végétation du pavot est très-lente.

Fig. 22.
Cotylédons
du pavot.

Ce n'est qu'un mois environ après l'apparition des feuilles séminales que les plantes commencent véritablement à se développer.

Les cotylédons ont 8 millimètres de longueur et 1 millimètre de largeur; il sont pointus à leurs extrémités; leur couleur est vert sombre.

Soins d'entretien. — A. PREMIER BINAGE. — Quand elles ont de trois à cinq feuilles, ou 0^m,05 à 0^m,08 de hauteur, on leur donne un premier binage. Cette opération est très-difficile à exécuter; mais elle est indispensable, car le pavot redoute les mauvaises herbes. Elle doit être sans cesse surveillée et confiée à des ouvriers habiles et intelligents parce qu'il importe beaucoup que ceux-ci ménagent les jeunes plants. C'est que le pavot a une racine très-délicate, qu'il languit et meurt lorsque cet organe a été attaqué par le fer des outils que l'on emploie pour pratiquer les binages, et que, supportant très-difficilement la plantation, on ne peut pas remplacer les pieds qui ont été détruits, ou combler les lacunes qui peuvent exister çà et là.

Ce premiere binage est le travail qui a le plus d'importance; c'est de son exécution que dépend presque toujours la réussite de la culture.

Lorsque les lignes sont espacées de 0^m,40 et les plantes de 0^m,18 à 0^m,25, on paye ordinairement le premier binage 30 à 35 fr. par hectare.

B. Deuxième binage. — On opère le deuxième binage quand les tiges commencent à s'élever, c'est-à-dire lorsqu'elles ont environ 0^m,20 de hauteur.

Cette opération est payée de 15 à 18 fr.

C. Éclaircissage. — Lorsque les plants ont de 0^m,10 à 0^m,15 d'élévation, on procède à l'enlèvement des pieds superflus. Cet éclaircissage est nécessaire si on veut obtenir des pieds bien branchus et des capsules plus grosses et mieux remplies. Quand les plantes sont nombreuses, qu'elles se touchent toutes, les pieds se développent très-difficilement, et ils donnent ordinairement de très-petites têtes. C'est souvent lorsqu'on pratique le deuxième binage que l'on exécute cette opération, qui se fait à l'aide d'une binette. Pratiquée à la main, elle serait longue et très-coûteuse.

L'éloignement des pieds varie entre 0^m,16 et 0^m,25. En Alsace, on espace les plantes les unes des autres de 0^m,30 environ.

En général, l'espacement entre les pieds est d'autant plus grand que la couche arable est plus fertile; mais il y a bien peu de cultivateurs qui éclaircissent les pavots de manière à ce que les pieds soient éloignés les uns des autres de 0ᵐ,40 à 0ᵐ,50, ainsi que plusieurs auteurs l'ont recommandé.

Les plantes trop espacées sont plus sujettes à être renversées par les vents.

D. TROISIÈME BINAGE. — Quant au troisième binage, qu'il faut regarder comme une opération accidentelle, parce que les deux premiers suffisent ordinairement pour détruire les herbes qui pourraient nuire aux pavots, on doit l'exécuter avant que les plantes aient plus de 0ᵐ,20 à 0ᵐ,30 de hauteur, afin que les ouvriers ne brisent pas les ramifications et les boutons.

E. BUTTAGE. — Souvent, lors du dernier binage, soit le deuxième ou le troisième, on butte légèrement les pavots dans le but d'augmenter leur fixité et pour qu'ils résistent mieux aux vents violents, et on arrache les pieds maladifs, ceux qui ont une couleur jaunâtre.

Insectes nuisibles. — Les pavots sont quelquefois attaqués, pendant leur développement, par le *cloporte* (ONICUS ASELLUS, L.). Les racines ont un ennemi dans le *ver blanc*, ou *larve* du *hanneton*, qui les ronge et occasionne alors la mortalité des pieds qu'il a ainsi attaqués. Dans certaines années, cette larve fait assez de mal aux cultures.

Suivant M. le Docte, le grand ennemi du pavot serait le mulot; cet animal rongerait les tiges à leur base et les ferait ainsi tomber pour s'attaquer ensuite aux capsules. Ce fait, déjà signalé par Schwerz et Thaër, n'a pas encore été observé par les cultivateurs des départements du Nord, comme ayant de fâcheuses conséquences. Jusqu'à ce jour, en effet, on n'a pas dit que les mulots causassent beaucoup de dégâts dans les cultures de pavots de la Flandre et de l'Artois.

Les pigeons et les tourterelles ne s'attaquent jamais aux pavots, quoiqu'on ait avancé le contraire.

Agents atmosphériques nuisibles. — Les vents violents, lorsqu'ils se font sentir à l'époque de la maturité des graines, sont toujours très-pernicieux : ils renversent les tiges ou les agitent fortement, et font sortir alors beaucoup de graines des capsules quand on cultive la variété ayant des têtes munies d'opercules. En 1830, des vents impétueux venus quelques jours avant la récolte occasionnèrent à M. Rousseau, cultivateur à Angerville (Seine-et-Oise), des pertes telles, qu'il récolta à peine 8 hectolitres de graines à l'hectare. On évite souvent de semblables pertes en arrachant les tiges avant la maturité complète des têtes principales.

Récolte. — A. ÉPOQUE. — La récolte du pavot a lieu en août dans les contrés du Nord et de l'Est, et on la pratique en juin dans celles du Midi.

B. EXÉCUTION. — Toutes les têtes ne mûrissent pas en même temps ; néanmoins on arrache, quand les capsules qui proviennent des premières fleurs, et qui sont les plus supérieures, sont en partie sèches ; alors, les feuilles sont flétries, les tiges sont desséchées et jaunâtres, et les graines sont libres et résonnent dans les têtes lorsqu'on agite celles-ci.

Cordier recommande de laisser les plantes sur pied jusqu'à ce que les graines soient grises ; ce conseil ne doit pas être suivi. Si l'on attendait pour opérer les récoltes que les opercules de toutes les capsules fussent ouvertes, on pourrait perdre beaucoup de graines par l'égrenage. On ne peut agir ainsi que lorsqu'on cultive l'œillette aveugle.

Lorsqu'on opère trop tôt, les graines restent presque toujours un peu rougeâtres ou blanchâtres.

1° **Œillette ordinaire.** — 1. *Arrachage des tiges.* — Quand on cultive le *pavot à capsules ouvertes*, on examine d'abord les parties du champ sur lesquelles la maturité est plus avancée, et c'est sur ces endroits que l'on doit de préférence commencer l'arrachage. Les ouvriers qui exécutent ce travail portent suspendue à leur côté gauche, au moyen d'une petite corde ou d'une lanière de cuir, de la paille de seigle humectée, afin qu'elle forme des liens moins cassants. Cette paille doit avoir de 0^m,60 à 0^m,70 de longueur.

Alors les ouvriers saisissent par la main droite toutes les tiges provenant d'un même pied aux deux tiers de sa hauteur, et arrachent ce dernier aussi verticalement que possible. Lorsque la terre est légère ou qu'elle a été détrempée par des pluies, cet arrachage se fait très-facilement ; il n'en est pas de même quand le sol est un peu argileux ou qu'il a été durci par le soleil ; alors on se trouve dans la nécessité, après avoir saisi toutes les tiges, de donner un coup de pied à la partie inférieure de la plante que l'on veut arracher. Comme le pavot est presque sec, ce coup casse la tige principale au collet, et évite que la main de l'ouvrier ne facilite la chute d'une certaine quantité de graines. On comprend combien il est utile que l'opérateur évite, pendant cette rapide cassure, d'incliner ou de secouer violemment les capsules. C'est en roidissant son bras qu'il parvient à maintenir les tiges très-droites ou verticales.

Au fur et à mesure que l'ouvrier opère, il maintient, à l'aide de son bras gauche, tous les pieds contre lui-même. Lorsque les plantes arrachées forment une forte poignée, il prend celle-ci à l'aide de ses deux mains, l'appuie sur le sol, saisit trois à quatre brins de paille, lie toutes les tiges au-dessous des capsules les plus inférieures, et remet ensuite la botte à l'aide qui l'accompagne.

Cet aide est chargé de la confection des *faisceaux* ou des *chaînes*. Il seconde ordinairement deux ou trois ouvriers arracheurs.

2. *Dessiccation des tiges.* — Dans ces derniers temps, on a beaucoup insisté pour que les poignées ou petites bottes fussent disposées suivant des lignes courant selon la longueur et la largeur du champ, et que l'on formerait en appuyant deux poignées l'une contre l'autre, de manière à ce qu'elles présentassent une section analogue à un V renversé (Λ). Cette disposition est mauvaise et doit être abandonnée. Si elle a l'avantage de permettre au soleil et à l'air de mieux agir sur les tiges et les capsules, et de rendre la maturité plus rapide, elle a d'abord l'inconvénient d'être difficile à exécuter, parce qu'il n'est pas facile de maintenir inclinées deux poignées sans autre appui que celui qu'elles trouvent sur le sol, ensuite parce qu'elle résiste bien rarement à l'action du vent. Aussi se trouve-t-on souvent dans la nécessité, quand on suit ce procédé, de relever chaque jour un nombre plus ou moins grand de poi-

gnées que le vent a renversées, et qui ont laissé échapper une partie des graines que leurs capsules renfermaient.

La méthode la plus facile et la plus prompte, celle qui offre au cultivateur le plus de sécurité, consiste à disposer les poignées en *faisceaux* ou en *monts*. Pour confectionner un faisceau, on place trois poignées sur un endroit donné du champ, de manière à ce que leurs têtes s'appuient mutuellement, et que leurs bases soient éloignées les unes des autres de 0^m,65 environ. On peut remplacer ces trois poignées par un pieu implanté dans le sol. Une fois les trois petites bottes disposées en forme de trépied, on adosse contre elles d'autres poignées en les disposant de manière à ce qu'elles forment des rangées concentriques et obliques à la ligne de terre. Cette obliquité est nécessaire pour que les poignées formant la rangée la plus externe ne soient pas renversées par le vent. On leur donne plus de solidité en entourant les faisceaux d'un grand lien, ou en jetant avec une bêche un peu de terre au pied des poignées qui limitent leur diamètre. On peut ainsi réunir jusqu'à 60, 80 et même 100 petites bottes de pavot si le temps est beau.

Dans les années pluvieuses, les faisceaux ayant un très-grand diamètre ne sont pas toujours très-avantageux, car les tiges conservent plus longtemps l'humidité, ce qui empêche le battage d'avoir lieu aussitôt.

Lorsque tous les pavots ont été arrachés et mis en faisceaux, on les abandonne à eux-mêmes. Je dois faire observer qu'il n'est pas rare, quand les pavots offrent de grandes différences dans leur végétation, qu'on soit obligé de faire l'arrachage en deux ou trois fois.

On paye par hectare, pour l'arrachage et la mise en faisceaux, de 15 à 16 fr.

3. *Premier battage.* — Le battage (*fig.* 23) a lieu huit à quinze jours après l'arrachage. Pour exécuter cette opération, qui ne doit être faite que par un beau temps et après la disparition de la rosée, on place près d'un des faisceaux une cuve à lessive ; alors un ouvrier reçoit d'une femme ou d'un enfant une poignée, l'*incline*, la *plonge* dans le cuveau et la frappe de petits coups secs avec un bâtonnet de 0^m,40 à 0^m,50 de longueur et de 0^m,03 environ de diamètre, en ayant soin, pendant cette opération, qui dure peu, de la retourner sur elle-même plusieurs fois. Quand il ne sort plus de graines par les opercules, l'ouvrier remet la poignée à l'aide et en reçoit une autre pour la battre comme la première.

Pendant que l'ouvrier bat cette seconde poignée, l'aide doit placer celle battue sur un endroit un peu éloigné du faisceau, mais à sa portée. C'est que, vu l'impossibilité d'extraire par un seul battage toutes les graines que contiennent les têtes, on se trouve dans la nécessité de mettre de nouveau toutes les tiges en tas pour les battre une seconde fois quelque temps après. On ne peut se soustraire à cette manière d'opérer qu'en renonçant aux graines qui adhèrent encore aux fausses cloisons des capsules.

Quand, pendant le battage, les graines remplissent à moitié le cuveau, il faut les enlever et les mettre dans des sacs. Si la cuve n'était vidée que lorsque les graines la remplissent presque complétement,

l'ouvrier ne pourrait plus abaisser assez bas la tête

de la poignée, et une partie de la graine tomberait sur le sol.

Les ouvriers habitués à cette opération ne se servent pas toujours d'un bâton pour faciliter la sortie des graines des capsules; souvent ils saisissent deux poignées, une par chaque main, les *plongent* dans les cuves, appuient leurs parties inférieures entre leurs côtes et leurs bras, et les frappent l'une contre l'autre. Cette manière d'agir est la plus expéditive, mais elle demande, de la part des ouvriers qui la pratiquent, plus d'habitude et de dextérité.

Lorsque les bottes qui composent les premiers faisceaux ont toutes été battues et remises en tas, les ouvriers transportent la cuve près du faisceau suivant à l'aide d'une civière ou d'une brouette ordinaire à claire-voie et continuent le battage.

A défaut de cuves à lessive, on peut se servir de civière à colza, dont l'intérieur a été garni d'un drap ou d'une toile.

Il est utile, dans les temps orageux, de munir les ouvriers de bâches, afin qu'ils puissent garantir d'une pluie intempestive les graines mises en sac et celles qui existent dans les cuves.

Schwerz conseille d'agir autrement. Ainsi il recommande de prendre des sacs et d'y secouer les têtes les plus développées et les plus mûres. Une fois cette opération terminée, on arracherait les tiges et on les mettrait en tas pour qu'elles y achèvent leur maturation. Ce procédé peu pratique, à cause de la rigidité des tiges, ne peut être adopté que lorsque l'œillette est cultivée sur une petite étendue. Il avait été, du reste, proposé par Yvart, qui a aussi recommandé de couper les têtes arrivées à maturité, et de les transporter à couvert dans des sacs pour les vider en les secouant et en les brisant. Ce procédé n'est pas plus pratique que le précédent.

Le battage du pavot-œillette est payé à raison de 1 fr. 25 à 1 fr. 50 l'hectolitre.

4. *Deuxième battage*. — Quand les faisceaux reformés sont restés pendant six à huit jours exposés à l'action de l'air et du soleil, on procède à un nouveau battage. Cette seconde opération est beaucoup plus expéditive que la première; ce fait résulte de ce que les capsules ne contiennent que très-peu de graines et qu'il n'est plus nécessaire de remettre les poignées en tas.

Le deuxième battage fournit souvent plus de 2 hectolitres par hectare dont la valeur suffit bien au delà pour payer les ouvriers.

2° Œillette aveugle. — La récolte du *pavot à capsules fermées* est beaucoup plus simple. Quand les pieds sont arrivés à maturité, on les coupe ou on les arrache sans aucune précaution, on les lie en bottes qu'on dresse debout les unes contre les autres. Aussitôt que toutes les têtes sont sèches, on les rentre à la ferme pour écraser bientôt les capsules. Quand on veut conserver ces dernières pendant plusieurs mois, on retranche tout ce que l'on peut de la partie inférieure des tiges, et l'on entasse le tout dans des bâtiments secs et aérés et à l'abri des souris et des rats.

Pour procéder à l'extraction des graines, opération que l'on peut réserver pour les mauvais jours de l'automne et de l'hiver, et faire exécuter par des

femmes ou des hommes âgés, on ouvre les capsules
à l'aide de la main ou d'un couteau, et on les secoue
dans une caisse ou une cuve, ou dans un panier
garni intérieurement d'une toile. Schwerz ne veut
pas que ces capsules soient soumises à un battage,
parce qu'il est difficile, dit-il, de séparer les parties
terreuses qui se trouvent mêlées à la graine. Cette
recommandation n'a aucune valeur, et M. Vilmorin
a raison d'engager les cultivateurs à battre les têtes
de cette variété au fléau, méthode expéditive et qui
n'a aucun inconvénient si l'on possède les ustensiles
nécessaires pour nettoyer la graine. On peut renoncer au fléau, placer un certain nombre de têtes de
pavot sur un madrier ou sur un billot et les écraser
d'un seul coup à l'aide d'un battoir semblable à
celui qu'on emploie dans le lavage du linge ou au
moyen d'un petit maillet.

Nettoiement des graines. — En arrivant à
la ferme, les graines d'œillette ordinaire doivent être
conduites dans un grenier où on les étend aussitôt
en une couche de $0^m,15$ à $0^m,25$ d'épaisseur. On ne
doit pas les réunir en couche plus épaisse, dans la
crainte qu'elles ne s'échauffent et qu'elles ne perdent
de leur qualité. Leur réunion en tas volumineux ne
peut avoir lieu que quand elles sont entièrement
sèches. Ces graines sont ensuite remuées une ou
deux fois par semaine, selon leur degré de siccité.

Lorsqu'elles sont sèches ou qu'elles doivent être
vendues, on les soumet à l'action d'un crible dont
les trous sont un peu plus grands que leur diamètre.
Cette opération a pour but de les séparer des débris
de feuilles, de tiges et de capsules qui y sont mêlés

et qui restent sur la peau ou sur la toile métallique du crible.

La graine, qui a passé à travers les trous ou les mailles du crible, n'est pas définitivement nettoyée, car elle retient ordinairement une certaine quantité de poussière. Pour la séparer de celle-ci il faut la tararer. A défaut de tarare on peut se servir d'un van. Quand on emploie le tarare, il faut adapter à l'auget la passoire la plus fine et tourner la manivelle plus vivement que s'il était question de nettoyer des graines de seigle, parce que celles de pavot, à cause de leur finesse, traversent les grillages très-rapidement.

La graine de pavot est bien nettoyée quand elle est exempte de débris de la plante qui l'a produite et de poussière ou de terre.

Conservation des graines. — Si la graine devait être conservée en magasin pendant plusieurs mois, il faudrait de temps à autre, tous les mois par exemple, la soumettre à un tararage, afin d'empêcher les mites de l'attaquer et de s'y multiplier.

On a proposé de laisser la graine dans les sacs dans lesquels on la met après le battage. Ce moyen ne doit pas être adopté, car la graine peut se détériorer en s'échauffant.

Poids de l'hectolitre. — Un hectolitre de graine de pavot-œillette bien nettoyée pèse 60 à 65 kilog. Son poids moyen est de 60 kilog.

Rendement. — Le produit du pavot-œillette varie suivant la nature, la fertilité et surtout la propreté du sol et le mode de culture. On obtient par hectare, d'après :

Bonnet	(Provence)	24 à 25 hectolitres.
Schwerz	(Alsace)	20 à 25 —
Thiriot	(Lorraine)	20 à 25 —
Rendu	(Flandre)	20 à 30 —
Dailly	(Seine-et-Oise)	18 —
Cordier	(Flandre)	18 —
Moyenne		20 à 26 hectolitres.

Rapport des graines aux tiges sèches. — Suivant M. de Gasparin, 100 kilog. de graines sont produits par 256 kilog. de tiges. Pour la même quantité de graines, M. Dailly en a obtenu 233 kilogrammes.

Ainsi, en supputant un rendement de 20 hectolitres par hectare, on pourrait donc compter, d'après la moyenne de ces produits, qui est 245 kilog., un rendement en tiges de 3,000 kilog., ou 500 bottes de 6 kilog. par hectare.

Quantité d'huile contenue dans les graines. — La graine de pavot est très-riche en huile ; elle en renferme, quand elle est sèche, suivant M. Moride de Nantes, 43 p. 100. Toutefois, en fabrique, elle n'en fournit que 28 à 35 p. 100. On obtient, suivant :

	Par 100 kilog.	Par hectol.
De Gasparin	35 kilogr.	20 kilogr.
Moll	35 —	25 —
Schwerz	39 —	22 —
Payen	31 —	22 —
Bonnet	30 —	»
Moyenne	34 kilogr.	23 kilogr.

Ainsi, il faut traiter en moyenne 5 hectolitres de graines pour obtenir 1 hectolitre d'huile.

Un litre d'huile de pavot œillette pèse 0 kil. 9245.

Extraction de l'huile. — On extrait aisément l'huile que contiennent les semences du pavot. Voici comment on opère : Les graines après avoir été broyées par des pilons, sont ensuite réduites en pâte. Celle-ci est alors chauffée sur des plaques de fonte, puis renfermée dans des sacs d'étoffe de laine recouverts eux-mêmes d'une enveloppe de crins et soumise à l'action d'une presse à coins.

De nos jours, on remplace les *pilons* par des *meules en granit* et les *presses à coins* par des *presses hydrauliques* douées d'une plus grande puissance.

Quelquefois, on presse la pâte sans lui faire subir préalablement l'action de la chaleur.

Usage de l'huile. — Lorsque cette huile a été extraite à froid, elle est très-fluide; sa saveur est douce, agréable, et rappelle un peu celle de la noisette; son odeur est à peine sensible, et sa couleur est légèrement citrine ou jaune d'or; elle supporte 10 à 12 degrés de froid sans se figer, n'a aucune tendance à la rancidité et ne se congèle qu'à —18°. Enfin, elle possède la propriété de *mousser* quand on l'agite vivement dans un flacon. L'huile d'olive n'a pas cette propriété.

Cette huile est très-édule et la meilleure après celle d'olive. On la désigne dans le commerce sous le nom d'*huile blanche* et quelquefois sous celui de *petite huile d'olive*, et aujourd'hui, comme en 1717, on la mélange avec l'huile d'olive dans le but de réaliser, par cette mixtion, de plus grands bénéfices.

L'huile de pavot est la seule pour ainsi dire que l'on consomme dans le nord et l'est de la France et de l'Europe.

Quand elle a été fabriquée à chaud, elle a une couleur jaune brunâtre et est très-siccative ; on lui donne alors le nom d'*huile rousse*. On l'emploie dans la peinture, l'éclairage et la fabrication du savon à pâte ferme.

Nature et propriété du tourteau. — En fabrication, on obtient ordinairement, pour 100 de graines, de 52 à 56 de tourteau d'œillette ou par hectolitre 33 à 36 kilog.

Ce résidu est grisâtre et aussi friable que celui du colza.

D'après MM. Soubeiran et Girardin, il contient :

Huile.	14,2
Matières organiques.	62,3
Sels minéraux.	12,5
Eau.	11,0
	100,0

Il renferme, d'après ces observateurs, 7 p. 100 d'azote à l'état normal, et il est, sous ce rapport, le plus riche des tourteaux.

Emploi des tiges. — Les tiges de pavot peuvent être utilisées comme combustible dans les foyers ou pour chauffer les fours ; elles brûlent facilement et donnent une flamme ardente, mais un peu passagère.

On peut aussi les employer pour couvrir les meules de grains ou comme matières excipientes dans les vacheries, ou les bouveries, ou bien les répandre dans les cours de fermes pour qu'elles y soient brisées et imprégnées d'humidité, et qu'on puisse ensuite les mêler aux fumiers.

On a proposé de les donner comme aliment aux

bêtes à laine; il n'a pas été bien démontré qu'elles fussent alimentaires et qu'on pût avec sécurité les leur administrer.

Dans quelques localités, on les utilise dans la fabrication du papier.

Valeur commerciale. — A. GRAINES. — La graine de pavot-œillette se vend de 30 à 40 fr. l'hectolitre.

B. HUILE. — L'huile blanche d'œillette se vend de 120 à 140 fr. les 100 kilog.

C. TOURTEAU. — Le prix du tourteau varie entre 10 et 14 fr. les 100 kilog.

D. TIGES SÈCHES. — Les tiges sèches se vendent de 10 à 12 fr. les 100 bottes de 6 à 8 kilog.

Prix de revient. — La culture du pavot-œillette engage par hectare un capital moins considérable que la culture du colza. Voici un extrait de la comptabilité de Grignon. Ce compte représente la moyenne de deux cultures qui ont été faites en 1838 et 1843, sur une étendue de 10 hectares 18 ares :

Dépenses par hectare.	371 fr.	22
Produit brut.	389	63
Bénéfices.	118	41
Prix de revient de l'hectolitre.	17	46
Prix de vente.	23	04
Bénéfice par hectolitre.	5	58

L'hectare avait produit, en moyenne, 19 hectolitres 90 litres et 1,800 kilog. de tiges sèches. On a appliqué pour fertiliser la terre 25 hectolitres de poudrette.

Les dépenses se sont ainsi divisées : loyer 70 fr. 45; engrais 123 fr. 72; frais de culture 177 fr. 05.

D'après ces résultats les 100 kilog. de graines ont coûté à produire 28 fr. 06. Ce prix de revient est plus vrai que les chiffres imaginaires que l'on observe dans plusieurs ouvrages.

BIBLIOGRAPHIE.

Rosier. — Cours d'agriculture, 1786, in-4, t. vii, p. 457.

Tessier. — Encyclopédie méthodique, 1796, in-4, t. iii, p. 594,

   ? — Instruction sur la culture de l'œillette, in-8.

Tessier. —Mém. de la Soc. centrale d'agr., 1820, in-8, t. i, p. 152.

De Dombasle. — Mém. de la Soc. c. d'agr., 1822, in-8, t. ii. p. 372.

Yvart. — Cours complet d'agric., 1823, in-8, t. xv, p. 113.

Cordier. — Agriculture de la Flandre, 1823, in-8, p. 327.

Rousseau. — Mém. de la Soc. centr. d'agr., 1831, in-8, p. 103

Thaër.—Principes raisonnés d'agriculture, 1831, in-8, t. iv, p. 273.

Obry. — Le Cultivateur, 1837, in-8, t. xiii, p. 641.

Crud. — Économie de l'agriculture, 1839, in-8, t. ii, p. 107.

Burger. — Économie rurale, 1839, in-4, p. 252.

Schwerz. — Assolement de l'Alsace, 1839, in-8, p. 291.

Laure. — Manuel du Cultiv. provençal, 1839, in-8, t. ii, p. 394.

Vivien. — Cours complet d'agric., 1839, in-8, t. xiv, p. 230.

Rendu. — Agriculture du Nord, 1843, in-8, p. 248.

De Dombasle. — Calendrier du bon Cultiv., 1846, in-12, p. 40.

Vilmorin et Leclerc-Thouin. — Maison rustique, t. ii, p. 8.

Schwerz. — Cultures des plantes économiques, 1847, in-8, p. 127.

Kossobudzki. — Annales de Grignon, 1847, 16e livraison, p. 9.

De Gasparin. — Cours d'agriculture, 1848, in-8, t. iv, p. 273.

Lœuillet. — Encyclopédie moderne, 1850, in-8, t. xxiii, p. 443.

Richard et Payen. — Précis d'agric., 1851, in-8, t. ii, p. 520.

Le Docte. — Culture des plantes oléagineuses, 1852, in 12, p. 68.

Girardin et Dubreuil. — Cours él. d'agr., in-12, t. ii, p. 392.

Vilmorin. — Bon jardinier, 1857, in-12, p. 679.

SECTION II.

Cameline.

(De χαμαί λενον, petit lin; plante à graine oléifère comme le lin.)

CAMELINA SATIVA, Cr.   MYAGRUM SATIVUM, L.

Plante dicotylédone de la famille des Crucifères.

Anglais. — Gold of pleasure.   *Hollandais.* — Kamille.
Allemand. — Leindotter.   *Espagnol.* — Miagro.
Flamand. — Doorezaad.   *Italien.* — Alisso.
Danois. — Horrurt.   *Russe.* — Ryschik.
Suédois. — Dodra.   *Polonais.* — Krowia.

Historique. — Climat. — Mode de végétation. — Terrain : naturel
fertilité, préparation. — Quantité d'engrais nécessaire. — Semis :
époque, quantité de graine, mode de semaille, recouvrement des
semences. — Soins d'entretien : éclaircissage et sarclage. — Insectes nuisibles. — Récolte : époque, caractères de maturité,
exécution, dessiccation des tiges, battage. — Nettoiement et
conservation des graines. — Rendement : en graines et en paille,
— Poids de l'hectolitre. — Quantité d'huile et de tourteau par
100 kilog. de graines. — Usages de l'huile, du tourteau et des
tiges sèches. — Valeur commerciale de l'huile et du tourteau.
— Bibliographie.

Historique. — La cameline est cultivée depuis
près d'un siècle dans la région du nord de l'Europe.
On la rencontre principalement en France dans les
départements du Pas-de-Calais, de la Somme et du
Nord. Dans ces contrées elle remplace souvent les
colzas d'hiver et les lins qui ont péri. Cette plante est
cultivée aussi depuis longtemps dans la Normandie,
la Champagne, la Bourgogne, l'Alsace et la Franche-
Comté.

La cameline est désignée sous des noms divers. Dans les environs de Cambrai, on la nomme *cabai*; à Montdidier, *camomène*; à Lille, *camomille*; en Alsace, *dotter*.

Climat. — Cette crucifère végète sous tous les climats parce qu'on la sème très-tardivement et qu'elle résiste très-bien aux sécheresses.

Végétation. — La cameline (*fig.* 24) est originaire de l'Asie, mais on la rencontre aujourd'hui indigène dans toute l'Europe. Sa racine est blanche, fusiforme; sa tige est cylindrique et rameuse, haute de $0^m,30$ à $0^m,65$ et garnie de feuilles alternes, semi-embrassantes, auriculées, velues et ciliées sur leurs bords. Les feuilles inférieures, celles qui partent directement du collet, sont oblongues et presque spatulées; ses fleurs sont jaune clair; sa graine un peu oblongue, jaunâtre et renfermée dans une silicule ovoïde, ressemble beaucoup à celle du *cresson alénois* que l'on cultive dans les jardins comme plante alimentaire. Cette graine offre un sillon sur sa partie médiane, et sa saveur est alliacée; en vieillissant elle prend une teinte rougeâtre assez foncée.

Tessier a calculé qu'un pied de cameline portait en moyenne 20 rameaux, chaque rameau 20 capsules et chaque fruit 10 graines, soit au total 9,600 graines.

Cette plante végète plus rapidement que la navette et le colza de printemps, et elle résiste mieux aux grandes chaleurs que ces végétaux oléifères. Cette grande aptitude à croître dans les sols arides et secs permet de la considérer comme une plante précieuse quand elle doit remplacer les cultures industrielles qui ont péri par suite des froids de l'hiver ou d'inon-

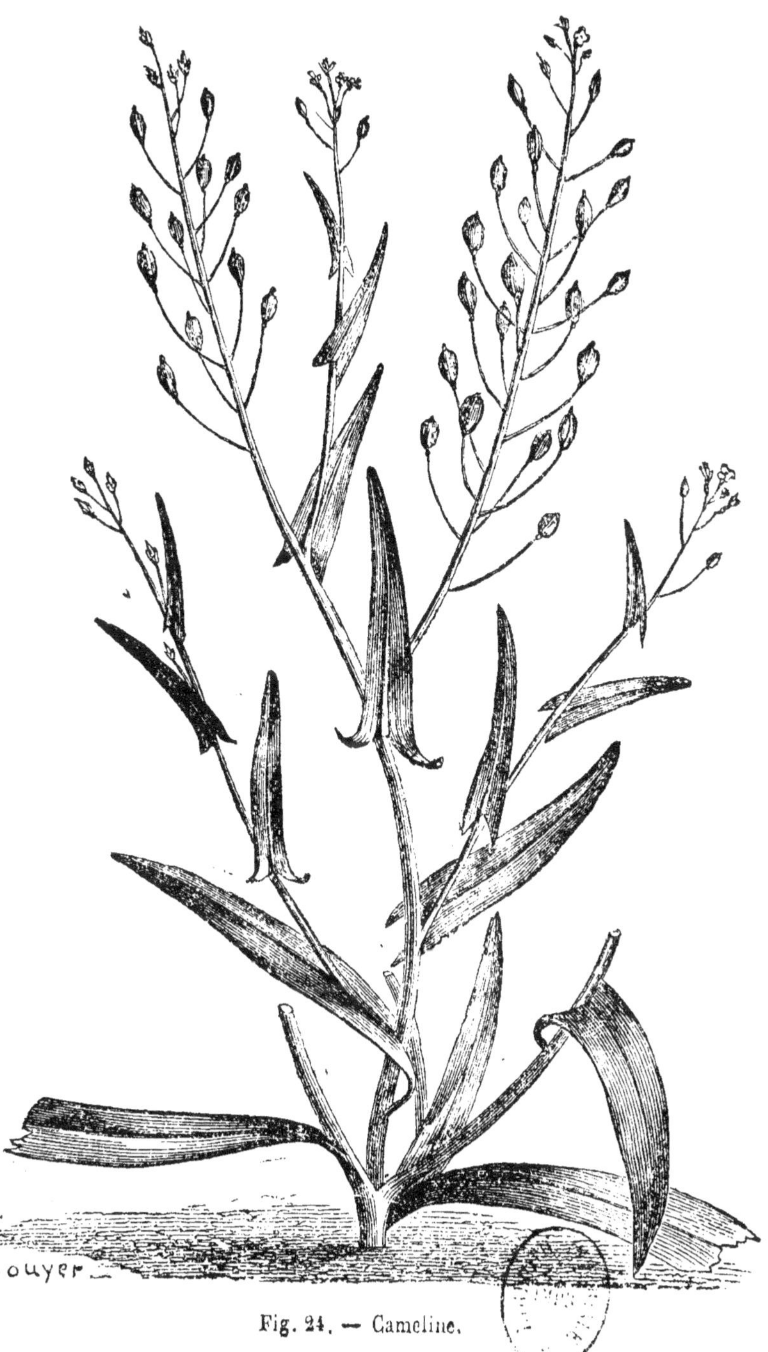

Fig. 24. — Cameline.

dations tardives ou prolongées. Dans les circonstances ordinaires, elle n'exige que trois mois pour mûrir complétement ses graines.

On a proposé, il y a quelques années, de remplacer la cameline ordinaire par l'espèce à laquelle on a donné le nom de *cameline majeure* ou *cameline de Riga* (MYAGRUM DENTATUM). Cette oléifère diffère de la précédente par la grosseur de sa graine. On avait pensé qu'elle donnerait des produits plus abondants que la cameline commune, mais l'expérience a démontré qu'elle n'avait pas les avantages qu'on lui avait attribués.

Cette espèce croît naturellement dans la Livonie, la Lithuanie, etc. Les graines de lin qui nous viennent de ces pays en contiennent toujours.

Terrain. — A. NATURE. — La cameline n'est pas une plante exigeante; elle végète très-bien sur les terres à seigle, les sols légers, sablonneux et peu profonds. On peut aussi la cultiver sur les terres à froment, les terrains argilo-siliceux ou argilo-calcaires. Elle redoute les terres fortes et compactes.

B. FERTILITÉ. — Son aptitude à réussir sur les sols légers et médiocres, permet de dire qu'elle n'exige pas que les terres qu'on lui consacre soient très-fertiles. Toutefois, comme ses produits sont toujours en raison directe de la fécondité de la terre, il est utile, lorsqu'on lui demande une récolte abondante, de la faire précéder par l'application d'une fumure moyenne ou d'un engrais pulvérulent.

La cameline cultivée sur des terres très-riches, donne beaucoup de paille et peu de graines.

C. PRÉPARATION. — On sème ordinairement la cameline après un labour et un ou plusieurs hersages et sur des terres disposées à plat. Il faut que la terre soit argileuse ou qu'elle ait été envahie par de nombreuses plantes nuisibles pour qu'il soit nécessaire de lui donner une préparation plus complète.

Quantité d'engrais nécessaire. — Plusieurs écrivains considèrent la caméline comme très-épuisante, et ils pensent qu'elle enlève au sol, par chaque hectolitre de graines qu'elle produit, 1,000 kilog. de fumier. Cette plante n'est pas aussi épuisante. J'ai fait connaître la quantité d'engrais que réclame la navette d'hiver; la caméline n'en exige pas au delà de 700 kilog. par 100 kilog. de graines, soit 500 kilog. environ par hectolitre.

Dans quelques localités on emploie de préférence le tourteau que fournit sa graine. Cet engrais a l'avantage, par l'odeur qu'il développe et qui rappelle celle de l'ail, d'éloigner les vers blancs des jeunes plantes. On peut remplacer cette substance fertilisante par de la poudrette, du noir animal ou des cendres pyriteuses.

Semis. — A. ÉPOQUE. — Dans le *Midi*, on sème la caméline du 1er au 15 mars. En Algérie, on exécute les semis vers la fin d'octobre.

Dans le *Nord* et l'*Est*, les semis se font de la fin de mars au commencement de juin.

En général, les semailles exécutées sur les sols sujets à souffrir de la sécheresse ne donnent de bons résultats que lorsqu'elles ont été exécutées de bonne heure. Ceci explique pourquoi les semis ont toujours lieu plus tôt ou plus tard dans les pays méridionaux que dans les contrées du nord.

B. Mode de semaille. — On sème ordinairement la cameline à la volée. On peut aussi la semer en lignes distantes de 0^m.16 à 0^m.20, mais ce mode de culture entraîne toujours un binage dont la valeur diminue sensiblement le bénéfice que cette plante peut donner.

La graine, à cause de sa finesse, doit être préalablement mêlée avec du sable. Ainsi mélangée, le semeur la répand plus uniformément et avec plus de facilité.

On recouvre la semence soit avec un râteau, soit au moyen d'une herse légère. Lorsqu'on craint une sécheresse, on pratique ensuite un roulage.

C. Quantité de graines. — On répand par hectare de 3 à 5 kilog. ou 6 à 10 litres de graines. Il faut éviter de semer trop dru.

Soins d'entretien. — A. Éclaircissage. — Lorsque les plantes ont de 0^m.08 à 0^m.12 d'élévation et qu'on reconnaît qu'elles sont trop nombreuses, on les éclaircit de manière qu'elles soient éloignées les unes des autres de 0^m.10 à 0^m.16. Cette opération peut être faite au moyen de la herse. (*Voir* Navette d'hiver, p. 66.)

B. Sarclage. — On doit arracher les mauvaises herbes qui peuvent nuire par leur développement à la végétation de cette plante oléagineuse. Cette opération se fait avant que les plantes aient atteint 0^m.15 de hauteur.

Insectes nuisibles. — Aucun insecte n'attaque la cameline pendant sa végétation.

Récolte. — A. Époque. — On récolte la cameline en août ou septembre, suivant l'époque à laquelle les semis ont été pratiqués.

B. Signes de maturité. — Lorsque les plantes jaunissent et que les silicules commencent à se dessécher et contiennent des graines jaune rougeâtre, on procède à la récolte. On ne doit pas attendre que toutes les silicules soient mûres parce que la cameline s'égrène facilement.

C. Exécution. — Dans quelques localités, on arrache les tiges par poignées; dans d'autres, on les coupe à la faucille.

Dans les terres légères l'arrachage se fait plus promptement que le faucillage; cette opération a, en outre, l'avantage de moins faciliter la chute des graines.

D. Dessiccation des tiges. — On peut laisser les tiges en javelles sur le sol pendant quelques jours, mais lorsque toutes n'ont pas perdu leur couleur verte, on doit les disposer en moyettes. Ce moyen prévient l'égrenage.

E. Battage. — On bat au fléau ou à la gaule sur une bâche ou sur une aire de grange. On peut aussi exécuter cette opération avec une machine à battre, mais alors on brise fortement les tiges et celles-ci perdent beaucoup de leur valeur.

Lorsque la graine est nettoyée on la dépose en couche mince dans un grenier ni trop sec ni trop humide.

Rendement. — A. Graines. — Le rendement moyen de la cameline est de 15 à 16 hectolitres par hectare. Ce produit est satisfaisant si cette plante est cultivée sur des terres légères. Quand elle végète sur des terres douces et fertiles, elle donne quelquefois 20 hectolitres.

Rapport des graines aux tiges. — En général la graine est aux tiges :: 100 : 250. Ainsi, 1 hectare qui produit 15 hectolitres ou 1,000 kilog. de graines, donne 2,500 kilog. environ de tiges sèches.

Poids de l'hectolitre. — Un hectolitre de graines pèse de 68 à 70 kilog.

Chaque litre contient environ 850,000 graines.

Rendement.—A. HUILE.—La graine de cameline contient en moyenne 35 p. 100 d'huile. Dans les huileries bien établies et bien dirigées 100 kilog. de graines en donnent de 27 à 31 kilog.

Un hectolitre de semences fournit donc de 20 à 22 kilog. d'huile, et 1 hectare produisant 15 hecto-litres ou 1,000 kilog. de graines, de 300 à 330 kilog. d'huile.

B. TOURTEAU. — Le tourteau de cameline est rougeâtre. 100 kilog. de graines en donnent de 60 à 65 kilog.

Ainsi, 1 hectol. de graines fournit de 40 à 42 kilog. de tourteau.

Usage. — A. HUILE. — L'huile de cameline sert à brûler ; elle est inférieure à celle que fournit le colza et la navette, mais elle produit moins de fumée. On l'emploie aussi pour la peinture. Elle supporte sans se figer de 15 à 18 degrés de froid.

Cette huile a une densité de 0,915.

L'huile de cameline est quelquefois désignée dans le commerce sous les noms d'*huile de camomille, huile de sésame d'Allemagne.*

B. Paille. — Les tiges de la cameline servent à faire des balais et à couvrir les habitations. On les utilise aussi comme litière ou pour chauffer les fours.

La confection des balais se paye de 2 fr. 50 à 3 fr. le cent.

C. Tourteau. — Le tourteau de cameline est rarement donné comme aliment aux animaux domestiques. Le plus ordinairement on l'emploie comme engrais.

D'après MM. Soubeiran et Girardin, il contient :

Huile.	12,2
Matières organiques.	65,1
Substances minérales.	8,2
	85,5

Les matières organiques renferment 5,57 p. 100 d'azote.

Valeur commerciale. — A. Graines. — La graine de cameline se vend ordinairement de 20 à 21 fr. l'hectolitre.

B. Huile. — Le prix de l'huile est un peu inférieur à celui des huiles de colza et de navette.

C. Balais. — Les balais se vendent en Hollande, en Belgique et en Flandre, de 5 à 6 fr. le cent. Ils pèsent chacun 1 kilog. environ.

Un hectare fournit de 1,000 à 1,200 balais.

BIBLIOGRAPHIE.

Tessier. — Encyclopédie méthodique, 1796, in-4. t. iii, p. 594.
Parmentier. — Cours d'agriculture, 1805, in-4, t. xi, p. 291.
Bosc. — Cours complet d'agriculture, 1821, in-8, t. iii, p. 312.
Yvart. — Cours complet d'agricult.., 1822, in-8, t. iv. p. 208.
De Dombasle. — Mém. de la Soc. d'agr., 1832, in-8, t. i, p. 384.

Cordier. — Agriculture de la Flandre, 1823, in-8, p. 325.

Laure. — Manuel du Cultivateur provençal, 1838, in-8, t. ɪ, p. 278.

Rendu. — Agriculture du Nord, 1843, in-8, p. 245.

De Douhet. — Bul. agr. du Puy-de-Dôme, 1844, in-8, t. ɪɪɪ, p. 115.

De Dombasle. — Calendrier du bon Cultivateur, 1846, in-12,

Vilmorin et Leclerc-Thouin. — Maison rustique, t. ɪɪ, p. 8.

Lœuillet. — Encyclopédie moderne, 1847. in-8, t. ᴠɪˢ, p. 357.

De Gasparin. — Cours d'agriculture, 1848. in-8, t. ɪᴠ, p. 151.

Richard et Payen. — Précis élém. d'agr., 1751, in-8, t. ɪ, p. 518.

Girardin et Dubreuil. — Cours d'agr., 1851, in-12, t. ɪɪ, p. 518.

Boitel. — Recueil encyclop. d'agric., 1852, in-8, t. ɪɪ, p. 161.

SECTION III

Colza de printemps.

BRASSICA CAMPESTRIS VERNA, VII.

Plante dicotylédone de la famille des Crucifères.

Dans les provinces du nord de l'Europe, on cultive une variété de colza d'hiver à laquelle on a donné les noms de *colza de printemps, colza de mars, colza d'été.*

Cette oléagineuse végète promptement; elle n'exige, pour mûrir ses graines, que 1,200 à 1,300° de chaleur totale.

On la cultive sur des terres riches et fraîches. Elle réussit très-bien sur les terrains que les eaux des fleuves et des rivières couvrent pendant l'hiver ou le printemps, ou sur les fonds d'étangs et les marais nouvellement desséchés.

On doit éviter de la cultiver sur des sols légers calcaires ou siliceux, car elle y redoute les sécheresses.

Le colza de mars demande, comme le colza d'hiver, des terres bien préparées et ameublies.

On doit, à cause de sa végétation rapide, fertiliser les terres qu'on lui destine avec des engrais qui se décomposent promptement.

Les semis se font à la volée en mars, avril ou mai. On répand de 8 à 10 litres de graines par hectare.

On recouvre les semences à la herse. Il faut autant que possible exécuter les semis après une pluie ou lorsque le temps est couvert et la terre encore fraîche, afin que les altises nuisent le moins possible au développement des cotylédons et des plantes.

Le colza de printemps ne se sème en lignes que lorsque la terre peut être envahie par de mauvaises herbes.

Lorsque les plantes, après la germination, sont trop nombreuses, on les éclaircit à la main ou avec une herse.

On se dispense presque toujours de biner le colza de mars.

La récolte des tiges se fait en juillet ou en août et quelquefois seulement en septembre, suivant l'époque à laquelle les semis ont été exécutés. Les tiges étant toujours plus faibles et moins élevées que celles du colza d'hiver, peuvent être coupées à la faucille.

Le battage s'exécute de la même manière que l'égrenage du colza d'automne.

(*Voir* pour tous les travaux similaires : la culture, la récolte et la conservation des graines, les détails concernant le COLZA D'HIVER, p. 3 et suiv.)

Le colza de printemps ne produit jamais autant que le colza d'hiver. Il rend, en moyenne, lorsqu'il est cultivé sur des terres argileuses ou des alluvions de bonne qualité, de 14 à 16 hectolitres par hectare. Il faut que le sol soit très-fertile et l'année un peu humide, pour obtenir sur la même superficie des produits presque égaux à ceux que fournit le colza d'hiver.

L'hectolitre de colza de mars pèse de 63 à 65 kilog.

La graine fournit autant d'huile que celle du colza d'automne; 100 kilog. en rendent 30 à 32 kilog.

Ainsi 1 hectare qui produit en moyenne 15 hectolitres ou 1,000 kilog. de graines, fournit environ 300 kilog. d'huile.

Le colza de printemps remplace quelquefois dans les cultures la variété d'automne et le pavot œillette qui ont été détruits par les froids, les oiseaux, les insectes ou les inondations.

SECTION IV.

Navette de printemps.

BRASSICA NAPUS PRÆCOX, De C.

Plante dicotylédone de la famille des Crucifères.

La navette de printemps, appelée quelquefois *navette d'été, navette de mai, navette annuelle*, est
moins cultivée que la navette d'hiver. Elle a l'avantage de pouvoir être semée très-tard, et de remplacer, par conséquent, les oléagineuses printanières,
qui n'ont pas réussi. On la cultive aussi sur les terres
qui ont été inondées en mai ou en juin.

Cette plante est peu cultivée dans les contrées du
midi, parce que les chaleurs intenses et prolongées
nuisent au développement des fleurs et à la maturité
des siliques. On la rencontre principalement dans les
parties septentrionales. En Allemagne, elle est souvent l'objet d'une culture spéciale et étendue. En
France, elle est assez répandue dans la Bourgogne,
la Lorraine, l'Alsace et les parties montueuses du
Dauphiné, où la navette d'hiver réussit difficilement.

La navette de printemps végète très-bien sur les
terres en plaines, légères, calcaires ou sablonneuses,
si elles conservent un peu de fraîcheur pendant les
fortes chaleurs. Elle est plus exigeante que la navette d'hiver, et doit être cultivée sur des terres de
bonne qualité. Lorsque la richesse du sol n'est pas
très-grande, on applique de la poudrette, des cendres
ou du guano, ou des engrais végétaux verts.

Les semis se font à la volée sur des terres bien

préparées par des labours et des hersages. On les exécute en mai et en juin dans les contrées du Nord et de l'Est, et en mars et avril dans celles du sud-est.

On répand de 10 à 12 litres de graines par hectare. Il n'y a pas d'inconvénients à ce que les semis soient un peu drus. Lorsqu'on agit ainsi, la navette couvre mieux la terre et résiste plus facilement aux sécheresses ; on pallie aussi aux dégâts des altises.

La navette d'été, semée en mai, arrive à maturité dans les contrées du centre et du nord, vers la fin d'août. Lorsque les semis n'ont été exécutés que vers la Saint-Jean, la récolte n'a lieu qu'en septembre.

On coupe les tiges à la faucille ou à la faux, et on les laisse en javelles sur le sol pendant plusieurs jours. Lorsque les siliques sont sèches et les graines mûres, on procède au battage. Cette opération se fait sur le champ ou dans une grange. (*Voir* NAVETTE D'HIVER. *Récolte*, p. 68.)

Cette oléagineuse, cultivée sur terres fraîches et fertiles, ne produit pas par hectare au delà de 12 à 16 hectolitres.

Un hectolitre de graines pèse de 60 à 65 kilog., et un litre contient 250,000 graines.

100 kilog. de graines rendent 27 à 29 kilog. d'huile, 1 hectolitre, de 17 à 18 kilog. d'huile, et 40 à 42 kilog. de tourteau.

Ainsi, 1 hectare qui produit 14 hectolitres ou 900 k. de graines, fournit en moyenne 250 k. d'huile.

SECTION V.

Madia.

Madia sativa, Mol.   Madia viscosa, Cav.

(De *mâdi*, nom donné à cette plante par les Chiliens.)

Plante dicotylédone de la famille des Composées.

Historique. — Climat. — Végétation. — Terrain : nature, fertilité, préparation. — Semis : époque, exécution, quantité de semences, germination des graines. — Soins d'entretien : binages, éclaircissage. — Insectes nuisibles. — Récolte : époque, caractères de maturité, exécution, dessiccation des tiges, battage. — Conservation et nettoyage des graines. — Rendement : graines, tiges. — Poids de l'hectolitre. — Rendement en huile et en tourteau. — Usages : huile, tourteau, fanes. — Valeur de la graine. — Prix de revient. — Bibliographie.

Historique. — Le madia est originaire du Chili. Il a été importé en Europe en 1794 par le R. P. Feuillé. On le cultive en France depuis une quinzaine d'années comme plante oléifère, et c'est M. Bosc, de Stuttgard (Wurtemberg), qui l'a recommandé pour la première fois en 1835 pour l'huile que fournissent ses graines. L'agriculture européenne a accepté cette plante avec enthousiasme ; mais de jour en jour elle l'abandonne pour lui préférer ou le pavot ou la cameline. C'est bien à tort que l'on renonce, dans les localités pauvres, à la cultiver : elle a le double mérite de réussir sur les terrains de médiocre qualité et d'y donner des produits satisfaisants. Les faits que je vais transcrire prouveront, je n'en doute pas, qu'elle a bien l'importance qu'on lui avait assignée quand elle fut proposée pour la première fois comme oléagineuse.

Climat. — Le madia est très-rustique, et il résiste très-bien aux froids pendant l'hiver, quand la température ne descend pas à — 12 et — 15° ; en outre il a l'avantage de ne point souffrir pendant les sécheresses.

Cette plante demande un climat plutôt sec qu'humide. Lorsqu'il survient des pluies continues pendant sa végétation, ou lorsqu'on la cultive sous un climat brumeux, ses tiges s'allongent, ne présentent qu'un petit nombre de fleurs, et ses semences avortent, restent vides et deviennent brunes.

Le madia appartient donc plutôt à la culture méridionale qu'à celle des contrées où l'atmosphère est chargée d'une humidité abondante et continuelle. C'est pourquoi sa réussite dans le nord de la France n'a pas toujours été satisfaisante.

Végétation. — Le madia a une racine pivotante. Sa tige cylindrique est seulement ramifiée au sommet ; sa hauteur moyenne ne dépasse pas 0^m,60 ; elle est garnie de feuilles sessiles, lancéolées, aiguës, à trois nervures. Ses fleurs terminales sont jaunes et réunies en capitules axillaires recouverts d'écailles foliacées. Ses graines sont légèrement anguleuses et d'une couleur grise ; elles ont, en moyenne, 0^m,007 de longueur et 0^m,002 de largeur.

La tige, les ramifications, les feuilles et les capitules sont couverts de poils longs ; les parties supérieures sont glandulifères, visqueuses et très-aromatiques. L'odeur forte et même désagréable qu'elles exhalent, a beaucoup nui à la propagation de cette oléifère. Cet arome est si prononcé, qu'il reste longtemps adhérent aux mains et aux vêtements des ouvriers qui sarclent et arrachent le madia.

Le madia fleurit en juillet ou août lorsqu'il a été semé au printemps. Il exige, d'après M. de Gasparin, 2,500° de chaleur totale pour arriver à maturité complète.

Terrain. — A. NATURE. — On cultive cette plante sur des sols légers et secs. Elle réussit très-bien sur les terres silico-argileuses, siliceuses, granitiques et calcaires-siliceuses. Elle végète mal sur les terres argileuses.

Comme elle craint l'humidité pendant l'hiver, on ne doit la semer en automne que sur des sols perméables.

B. FERTILITÉ. — Le madia ne demande pas des terres très-riches, 1° parce qu'il végète bien sur des sols de moyenne fertilité ou appartenant à la période céréale ; 2° parce que la quantité de graines qu'il fournit est toujours en raison inverse du développement des tiges.

Lorsqu'on applique des engrais, il faut employer de préférence de la poudrette, du tourteau ou du guano.

C. PRÉPARATION. — Les terres que l'on consacre à la culture du madia doivent être bien préparées et ameublies. (Voir PAVOT, *Préparation du sol*, p. 85.)

Semis. — A. ÉPOQUE. — Les semis se font à deux époques : à l'automne et au printemps.

Dans le Midi, on doit les exécuter en octobre ou novembre. Dans le Nord, il est prudent de ne les pratiquer que du 1er avril à la fin de mai, lorsqu'on ne redoute plus de gelées printanières.

B. Exécution. — On répand la graine en lignes distantes de $0^m,30$ à $0^m,40$. On peut aussi semer le madia à la volée, mais ce mode de culture rend plus difficiles et plus coûteux les sarclages et les binages.

Le madia ne supporte pas la transplantation.

C. Quantité de semences. — Lorsque les semis se font en lignes, on emploie par hectare de 8 à 10 kilog. de graines. Les semis à la volée en exigent environ 15 kilog. Ces quantités sont fortes ; mais toutes les graines ne germent pas.

D. Germination des graines. — Lorsque les graines sont de bonne qualité et qu'elles ont été confiées à la terre par une température de $+ 12$ à $+ 15°$, elles germent au bout de huit à douze jours.

Soins d'entretien. — A. Binages. — Les progrès de la végétation du madia sont lents d'abord, puis rapides.

On donne un premier sarclage lorque les plantes ont de $0^m,08$ à $0^m,12$ de hauteur. On renouvelle cette façon quand les tiges commencent à se ramifier et avant qu'elles ne fleurissent.

B. Éclaircissage. — Aussitôt que le premier binage a été exécuté, on éclaircit les plantes à la main de manière qu'elles soient éloignées sur les lignes, de $0^m,12$ à $0^m,15$.

Insectes nuisibles. — Nul insecte n'attaque le madia.

Récolte. — A. Époque. — La maturité des graines a lieu entre le troisième et le quatrième mois qui suivent la semaille quand celle-ci a été faite au printemps. Lorsque les semis ont eu lieu avant l'hiver, on procède ordinairement à la récolte en juin ou juillet, suivant les latitudes.

B. Caractères. — Le moment d'opérer la récolte est arrivé lorsque les graines ont perdu leur teinte noire et ont pris une couleur grise ou grisâtre.

C. Exécution. — On arrache ou l'on coupe les tiges à la faucille. Les tiges arrivées à maturité étant cassantes, on peut les rompre avec la main.

Quel que soit le procédé adopté, il est nécessaire d'agir sans brusques secousses le matin à la rosée ou le soir, afin de ne pas faciliter la chute des graines. Le madia s'égrène assez facilement si l'on penche les tiges quand les graines sont complétement mûres.

D. Dessiccation des tiges. — Les tiges une fois arrachées, coupées ou rompues, sont dressées sur le sol et réunies en petits tas. On les laisse ainsi pendant quatre ou huit jours jusqu'à la parfaite maturité des semences.

E. Battage. — On bat les têtes sur une bâche avec le fléau, ou l'on secoue fortement les têtes contre une barre en bois, ou on les frappe les unes contre les autres dans un large baquet. Le battage se fait sur le champ ou à l'intérieur d'une grange.

Conservation et nettoyage des graines. — Après le battage on étend les graines sur l'aire d'un grenier bien aéré et on les remue de temps à autre jusqu'à leur dessiccation. Les graines qui s'échauffent perdent de leur qualité.

On nettoie les graines au moyen d'un van ou d'un tarare. Ce nettoyage doit être fait avec soin, afin que les écailles visqueuses des capitules ne restent pas adhérentes aux semences.

Rendement. — A. GRAINES. — Le produit du madia a été jusqu'à ce jour très-variable. Ainsi, on a récolté de 600 à 2,500 kilog. de graine par hectare.

Voici les produits moyens que l'on a obtenus :

Vilmorin,	(Seine).	1600 kilog.	ou	32 hectol.
La Touche,	(Vienne).	1600 —		32 —
Philippar,	(Seine-et-Oise). .	1200 —		24 —
Soc. d'Emulation,	(Vosges).	1200 —		24 —
Bonnet,	(Doubs).	1200 —		24 —
Mary fils,	(Moselle).	1300 —		26 —
Boussingault,	(Bas-Rhin). . . .	1100 —		22 —
Fritz,	(Wurtemberg). .	1000 —		20 —
Costilhes,	(Puy-de-Dôme).	900 —		18 —
Moyenne.		1200 kilog.	ou	24 hectol.

Ce rendement égale le produit que fournit le colza d'hiver.

B. TIGES. — Le madia qui a réussi et donné de 20 à 24 hect. par hectare, fournit 3,500 kilog. de tiges sèches.

Ainsi, les graines seraient aux fanes :: 100 : 300.

Poids de l'hectolitre. — La graine est plus ou moins pesante selon les lieux où elle a été récoltée. Elle est toujours plus lourde dans les années sèches que dans les années humides.

Ce poids a varié de 42 à 51 kilog. La graine réputée de bonne qualité pèse de 45 à 50 kilog. l'hectolitre.

Quantité d'huile fournie par la graine. — La bonne graine de madia rend autant d'huile que la cameline, le colza et la navette de printemps. Voici les résultats moyens que l'on a obtenus :

Par 100 kilog. de graines. . . .   25 à 30 kilog. d'huile.
Par hectolitre   *id*.   . . . .   14 à 16   —

Il faut donc environ 7 hectolitres, ou 330 à 340 kilog. de graines, pour obtenir 100 kilog. d'huile.

Un hectare qui produit 24 hectolitres ou 1,200 kilog. de graines donne donc plus de 300 kilog. d'huile.

Suivant M. Boussingault, la graine de madia donne à l'analyse 41 p. 100 d'huile.

Quantité de tourteau fourni par la graine. — 100 kilog. de graines donnent de 67 à 70 kil. de tourteau.

Usages. — A. Huile. — Lorsque l'huile de madia a été extraite à froid de graines lavées à l'eau tiède, ou que l'on a fait préalablement sécher, elle a une belle couleur jaune d'or, une saveur douce et agréable, et malgré sa légère odeur on peut en faire usage pour l'alimentation. Celle que l'on fabrique à chaud contient une fuliginosité abondante qui la rend peu propre à l'éclairage. Cependant lorsque cette huile a été épurée, c'est-à-dire privée de son mucilage, elle devient incolore et brûle avec une belle flamme blanche, brillante, sans répandre de fumée. Un litre pèse 0^{kil},904.

Cette huile permet de fabriquer d'excellents savons durs, et elle produit, avec la céruse, une peinture très-siccative.

B. Tourteau. — On utilise le tourteau de madia comme engrais et dans l'alimentation des animaux.

C. Fanes. — On emploie les fanes comme litière ; on peut aussi les utiliser pour chauffer les fours.

Valeur de la graine. — En 1842, la graine de bonne qualité se vendait 18 fr. l'hectolitre. Cette valeur a paru très-faible aux agriculteurs qui cultivaient cette oléagineuse. Ce prix ne pouvait pas être plus élevé. Ainsi 1 hectolitre de madia du poids de 48 kilog. fournit 14 kilog. d'huile, et 1 hectolitre de colza pesant 68 kilog. en produit 20 kilog. Le madia : colza :: 18 : 25,70. Ces deux nombres représentent exactement la valeur que ces deux graines oléifères avaient en moyenne il y a quinze ans.

Prix de revient. — Voici un extrait de la comptabilité de M. Dutfoy, de Lieusaint (Seine-et-Marne), concernant la culture de cette plante :

Dépenses par hectare.	389^f,87
Recettes *id.*	496 ,40
Bénéfices *id.*	106 ,53
Prix de revient de l'hectolitre.	13 ,07
Bénéfices par hectolitre.	3 ,59

Ces résultats prouvent que le madia mérite encore d'être cultivé comme plante oléifère.

BIBLIOGRAPHIE.

Philippar. — Notice sur le madia, 1840, in-8.

Parisot — Bulletin de la Société des Vosges, 1840, in-8, p. 438.

De Tocqueville. — L'agronome praticien, 1841, in-8, p. 374.

Costilhes. — Bullet. agric. du Puy-de-Dôme, 1841, in-8, p. 349.

Dutfoy. — Le Cultivateur, 1841, in-8, t. xvi, p. 129.

Otmann. — Moniteur de la Propriété, 1841, gr. in-8, t. vi, p. 307.

De Gasparin. — Cours d'agriculture, 1848, in-8, t. iv, p. 166.

Vilmorin. — Bon jardinier, 1857, in-12, p.

SECTION VI.

Ricin ou Palma-Christi.

RICINUS COMMUNIS, L.

(De *ricini*, tiques ; insectes avec lesquels les graines ont beaucoup
de ressemblance.)

Plante dicotylédone de la famille des Euphorbiacées.

Anglais. — Palma christi.   *Italien.* — Ricino.
Allemand. — Wunder baum.   *Espagnol.* — Higuera.

Historique. — Climat. — Végétation. — Composition. — Terrain
nature, fertilité, préparation. — Quantité d'engrais à appliquer.
— Semis : époque, exécution, quantité de graines. — Soins d'entretien : binages, éclaircissages, arrosements, buttage. — Récolte.
— Rendement. — Poids de l'hectolitre. — Quantité d'huile
fournie par les graines. — Usages de l'huile, des feuilles, des
tiges et du tourteau. — Valeur commerciale des graines et de
l'huile. — Bibliographie.

Historique. — Le ricin est originaire de l'Inde.
On le connaît depuis la plus haute antiquité. Ce fait
est confirmé par les graines trouvées dans des sarco-
phages égyptiens conservés depuis plusieurs milliers
d'années. Suivant Hérodote, l'huile que fournissent
ces semences servait à l'éclairage chez les peuples
anciens. Dioscoride et Pline ont aussi signalé son
emploi comme huile à brûler.

Les Indiens l'utilisent de temps immémorial comme
agent thérapeutique. Rheede disait en 1675 que
l'huile extraite par expression du ricin était purgative. C'est Canvane, médecin anglais, qui, en 1767, la
mit en vogue en Europe comme purgatif.

La France ne récolte pas toutes les graines de ricin dont elle a besoin. En 1856, elle a importé

Fig. 25. — Ricin commun.

19,093 kilog. de graines ayant une valeur de
14,320 fr., et 22,609 kilogr. d'huile valant 40,696 fr.

Climat. — Le ricin est cultivé en Égypte dans la

Turquie d'Asie, l'Indoustan, la Chine et l'Amérique. On le cultive aussi en Algérie, en Sicile, en Italie dans les environs de Vérone et de Lignano et en Espagne.

En France, on ne le mutiplie comme plante oléagineuse qu'à Saint-Remy (Bouches-du-Rhône), et à Vallabrègues, Monfrain, Meyne et Roquemaure (Var). C'est en 1804 et aux environs de Nîmes et de Béziers qu'il fut cultivé pour la première fois en grand.

Végétation. — Cette plante (*fig*. 25) est tantôt annuelle et herbacée, tantôt vivace et ligneuse. Ainsi, en France, le ricin est annuel, et il atteint $1^m,50$ à 2^n de hauteur, tandis qu'il dure huit à dix ans et parvient à 6, 8 ou 10 mètres d'élévation en Algérie, en Égypte et dans l'Inde (*fig*. 26).

La tige de cette oléifère est cylindrique, fistuleuse, glauque et purpurine; elle porte des feuilles alternes, palmées, amples, lisses, et ayant de 7 à 9 lobes inégaux et irrégulièrement dentés en scie. Les feuilles et leurs pétioles ont de $0^m,30$ à $0,40$ de longueur. Les tiges, dont le diamètre atteint souvent en France $0^m,03$, sont terminées par de longs épis en panicules. Les fleurs femelles occupent la partie inférieure de ces épis; les fleurs mâles sont situées à la partie supérieure. Les fruits se composent de trois coques ovales et couvertes de poils subulés; chaque coque contient une graine ayant une tunique mince, dure et cassante. Les graines sont de la grosseur d'un haricot moyen, lisses, luisantes, oblongues et marquées de taches ou de stries brunes; leur amande est blanche, douceâtre et un peu âcre.

Fig. 26. — Ricin en arbre.

Le ricin accomplit en France ses diverses phases d'existence en six mois, c'est-à-dire du mois de mai au mois de septembre ou octobre. Ses feuilles se flétrissent quand la température descend à 0, et ses tiges gèlent à — 2 et — 3°.

Espèces. — Les espèces cultivées comme plantes oléagineuses sont au nombre de quatre :

1° Le *ricin commun*, ou *ricin d'Afrique*, ou *ricin tunisien* (Ricinus communis). Cette espèce (*fig.* 26) s'élève, se ramifie, s'étale et devient un petit arbre. Son écorce est grisâtre. Elle est indigène en Orient. Ses feuilles sont développées et d'un vert glauque. Ses fleurs sont situées sur un épi un peu court et moins coniques; elles produisent des fruits nombreux, globuleux, hérissés de pointes et qui renferment des graines marbrées de gris plus ou moins volumineuses, suivant les variétés cultivées.

2° Le *ricin vert* (Ricinus viridis) est cultivé dans l'Inde. Sa tige, ses ramifications et son feuillage sont d'un vert gai. Ses graines sont grises et marbrées de brun. Les lobes des feuilles sont aigus ou pointus.

3° Le *ricin sans épines* (Ricinus inermis) est aussi cultivé dans l'Inde. Ses tiges et pétioles sont rouges, les feuilles sont glauques et à lobes obtus; ses capsules ne sont pas hérissées de pointes et elles renferment des graines marbrées de gris clair sur un fond marron.

4° Le *ricin sanguin* (Ricinus sanguineus) (*fig.* 27) a des ramifications rougeâtres et des feuilles vertes. Ses fruits et ses feuilles sont aussi rouge brun.

Composition. — Voici, d'après Geiger, quelle est la composition des graines; 100 parties nor-

Fig. 27. — Ricin sanguin, port de la plante.

males contiennent :

Péricarpe.		Amande.	
Résine brune. . .	1,91	Huile grasse. . .	46,19
Gomme.	1,91	Gomme.	2,40
Fibre ligneuse. .	20,00	Amidon.	20,00
Total. . . .	23,82	Albumine.	0,50
		Total. . . .	69,09

Les graines contiennent, en outre, 7,19 d'eau.

M. de Gasparin a pesé les diverses parties d'une plante de ricin ayant, avant sa dessiccation, un poids de 1^{kil},545. Voici les résultats qu'il a constatés :

	Parties sèches.
Racines	105 gr.
Tiges	351
Feuilles	109
Capsules	38
Graines	41
Total	644 gr.

Cette plante avait produit 95 capsules et 285 graines. Les racines et les tiges contenaient 0,40 p. 100 d'azote, les feuilles 1,80, et les graines à l'état normal 7,63. De ces faits on peut conclure la quantité d'azote contenue dans 100 kilog. de graines et les tiges qui les ont produites :

		Kil.
100 kilog. graines		7,63
495 —	de tiges	1,98
153 —	de feuilles	2,75
Total		12,36

Terrain. — A. Nature. — Le ricin doit être cultivé sur des terres un peu argileuses. Les sols argilo-siliceux et argilo-calcaires lui conviennent bien. Il est nécessaire, en outre, que la couche arable conserve une certaine fraîcheur pendant l'été : le ricin absorbe beaucoup d'eau, parce que sa végétation est très-rapide, et qu'elle atteint en quelques mois seulement un très-grand développement.

Sa racine étant pivotante, on ne doit le cultiver que sur des terres profondes.

B. Fertilité. — Cette plante demande des terres fertiles et bien fumées ; en général, elle végète très-lentement sur les sols légers et pauvres et y donne peu de graines.

C. Préparation. — Les terres qu'on lui consacre doivent recevoir plusieurs labours et hersages.

Quantité d'engrais à appliquer. — Le ricin est une plante exigeante et épuisante. Lorsqu'on le cultive sur des sols peu fertiles, on doit appliquer par hectare 3,100 kil. de fumier par chaque 100 kil. de graines qu'on espère récolter. Ainsi, une terre pouvant produire 500 kilog. de graines doit recevoir une fumure de 15,000 à 17,000 kilog. de fumier dosant 0,40 p. 100 d'azote.

Semis. — A. Époque. — On sème le ricin lorsque la température a atteint + 12° en moyenne, c'est-à-dire en mars ou avril. Si les semis étaient pratiqués plus tôt, les graines seraient sujettes à pourrir, et les plantes pourraient être détruites par les gelées tardives.

B. Exécution. — Les semis se font en place sur des lignes distantes de 0ᵐ,70 à 1ᵐ, ou en poquets éloignés les uns des autres de 0ᵐ,80. En Algérie où les ricins deviennent ligneux et occupent le même terrain pendant plusieurs années, on espace les pieds de 1ᵐ,50 à 2 mètres.

On a souvent essayé de semer le ricin en pépinière, pour le transplanter au mois d'avril ou de mai, mais ce mode de culture n'a pas toujours donné de bons résultats. On ne peut l'adopter que pour de petites cultures. Alors on sème la graine sur couche en février ou mars. Il faut avoir le soin, quand on cultive ainsi le ricin, d'exécuter la mise en place des plants avec beaucoup de précaution. Le pivot de cette plante est très-tendre, il se brise souvent à l'arrachage. Les plants transplantés restent comme flétris pendant une huitaine de jours.

Lorsqu'on pratique les semis en place, on enfouit

les graines à 0^m,01 ou 0^m,02 seulement de profondeur.

Les graines montrent leurs cotylédons entre le douzième et le quinzième jour.

QUANTITÉ DE GRAINES. — On emploie pour semer un hectare en lignes ou en poquets, de 5 à 10 litres de graines, ou 2 à 4 kilog.

Un litre contient de 900 à 1,000 graines.

Soins d'entretien. — A. BINAGES. — Lorsque les plants ont atteint 0^m,04 à 0^m,06 de hauteur, on exécute un binage sur toute la surface du champ.

On répète cette opération une ou deux fois pendant le cours de la végétation.

B. ÉCLAIRCISSAGE. — Lorsque les plants ont 0^m,12 à 0^m,15 d'élévation, on les éclaircit de manière qu'ils soient séparés les uns des autres de 0^m,70 à 1^m. Quand les semis ont été exécutés en poquets, on ne laisse sur leur surface que le pied le plus fort.

C. ARROSEMENTS. — Pendant les sécheresses, en juillet et août, on arrose si cette opération est nécessaire et possible. Le ricin ne prend un développement remarquable que sous l'influence simultanée de l'humidité et de la chaleur.

E. BUTTAGE. — On doit butter les plants qui atteignent 2 mètres de hauteur. Cette opération augmente leur solidité et leur permet de mieux résister aux vents violents à l'époque de la maturité des graines.

Récolte. — Quand les fruits ou les coques ont pris une teinte jaunâtre, qu'ils renferment des graines grises ou rougeâtres marbrées de blanc, on s'empresse de les cueillir. Cette récolte se continue depuis le mois d'août jusqu'aux premières gelées d'automne.

Il est utile d'enlever chaque semaine les coques qui sont arrivées à maturité. Lorsqu'on abandonne celles qui sont mûres, elles s'ouvrent d'elles-mêmes et lancent à plusieurs mètres de distance les graines qu'elles renferment.

Lorsque tous les fruits ne sont pas complétement mûrs à l'approche des temps froids, on coupe la cime des plantes qui portent encore des coques et on les suspend dans un local sain et aéré, afin que les graines puissent mûrir complétement.

Les tiges sont ensuite arrachées et liées en bottes.

Rendement. — En France, 25 plantes donnent en moyenne 1 kilog. de graines. Comme un hectare en contient de 10.000 à 12,000, il en résulte que le produit en graines doit varier entre 400 et 500 kilog.

Le ricin cultivé en Espagne et en Algérie produit par hectare de 1,500 à 2,000 kilog. de graines.

Poids de l'hectolitre. — Un hectolitre de graine pèse de 42 à 44 kilog.

Quantité d'huile fournie par 100 kilog. de graines. — La graine de ricin est très-oléagineuse : elle contient 60 pour 100 d'huile, mais l'industrie n'en retire ordinairement que 36 à 40.

On obtient à Calcutta et à Madras 480 à 488 kilog. d'huile de 1,400 kilog. de graines.

La coque n'en contient pas, c'est l'amande seule qui la fournit. Les graines récoltées dans les parties méridionales de la France sont plus oléifères que celles que l'on obtient en Algérie. Ainsi, M. Mayet a constaté les faits suivants :

	Ricin français.	*Ricin algérien.*
Coques.	26,70	30,76
Amandes mondées.	71,14	67,22
Débris et pertes.	2,16	2,02
	100,00	100,00
Huile obtenue par pression à froid.	37,40	30,40

Cette huile a une couleur jaune pâle, une odeur fade, une saveur d'abord douce, ensuite un peu âcre ; en vieillissant, elle rancit, s'épaissit, se colore et devient très-irritante. Sa dentité est de 0,960.

Usages. — A. HUILE. — L'huile de ricin est employée en médecine comme purgatif. Dans l'Inde c'est l'huile du ricin vert qu'on utilise comme huile purgative. Elle sert aussi à la fabrication du savon, et comme elle est siccative, on l'emploie quelquefois dans la peinture. Dans l'Inde, on l'utilise comme cosmétique pour l'entretien de la chevelure.

A Cayenne, aux Antilles et dans la Tartarie, cette huile sert à l'éclairage des habitations. En Amérique, on l'emploie pour éclairer les sucreries, les indigoteries et les cases des nègres. A Java et aux Moluques, on la mêle avec de la chaux pour former un ciment très-dur, avec lequel on enduit les habitations et on calfate les navires.

Extraction de l'huile. —Voici comment, dans l'Inde, on extrait l'huile de la graine du ricin :

1° On fait bouillir les semences dans l'eau pendant deux heures et on les expose ensuite pendant deux jours au soleil. Alors on monde les graines avec ses mains et l'on fait bouillir les amandes jusqu'à ce que l'huile vienne surnager. En agissant ainsi on obtient 25 pour 100 d'huile.

2° On presse les graines entre deux cylindres, on sépare les enveloppes et l'on met les amandes dans des sacs qu'on soumet à l'action d'une presse. On reçoit l'huile dans un vase étamé. On purifie cette huile en la faisant bouillir avec de l'eau et en la filtrant à travers une flanelle ou une toile serrée. L'huile qu'on obtient alors est recherchée par l'exportation.

3° On grille les semences sur un peu de charbon de bois pour liquéfier l'huile. Puis on les écrase pour faire bouillir ensuite le liquide qu'on obtient, l'huile qui surnage est colorée et n'est utilisée que dans l'éclairage.

B. Feuilles. — Dans l'Indoustan, les feuilles de ricin servent à l'alimentation du ver à soie *Bombyx cynthia*, Fab., que l'on cherche en ce moment à naturaliser en Europe.

C. Tiges.—Les tiges sèches sont employées comme combustible ou comme litière.

D. Tourteau. — Le tourteau de ricin ne doit pas être donné aux animaux; on ne peut l'utiliser que comme engrais. Les cultivateurs du Bolonais (Italie) l'utilisent avec succès dans la culture du chanvre.

Valeur commerciale. — A. Graines. — Les graines de ricin se vendent de 30 à 40 fr. les 100 kilog. En 1813, année pendant laquelle les relations commerciales avec l'Inde et l'Amérique étaient pour ainsi dire suspendues, cette graine se vendit 1 fr. 50 c. le kilog. C'est ce haut prix qui engagea, à cette époque, un grand nombre d'agriculteurs à cultiver le ricin dans les départements de l'Hérault, de l'Aube et de la Haute-Garonne.

Les graines de ricin que la France reçoit d'Amérique sont plus grosses, plus marbrées que celles que l'on récolte en Europe; leur enveloppe est aussi plus argentée. Celles qui viennent de l'Inde et des Antilles sont remarquables par leur volume et leur couleur foncée.

Ces graines s'expédient en balles de 100 kilog.

B. Huile. — L'huile de ricin se vend ordinairement par baril de 100 kilog., à raison de 2 à 3 fr. le kilog.

BIBLIOGRAPHIE.

Bosc. — Encyclopédie méthodique, in-8, 1797, t. vi, p. 164.
De Gasparin. — Cours d'agric., 1848, in-8, t. iv, p. 175.
Bonafous. — Journal d'agr. pratique, 1850, gr. in-8, t. i, p. 548.
Mayet. — Journ. des Connaissances médicales, 1854, in-8, octobre.
Pépin. — Bullet. de la Soc. d'acclimatation, 1854, in-8, t. i, p. 505.

SECTION VII

Arachide.

ARACHIS HYPOGOEA, L. — ARACHIS ASIATICA, Lour.

(ὰ, privatif; ῥάχος, branche; allusion au port de la plante.)

Plante dicotylédone de la famille des Légumineuses.

Anglais. — America earth-nut.
Allemand. — Die erdpistazia.
Hollandais. — Aardaker.
Suédois. — Jardpistacie.
Espagnol. — Cacahuata.

Italien. — Pistachio di terra.
Portugais. — Amenduinas.
Chinois. — Thon-Than.
Japonais. — Katiang.

Historique. — Climat. — Végétation. — Terrain : nature, fertilité, préparation. — Semis : époque, exécution, préparation des graines, quantité de semences, enfouissement des graines. — Cultures d'entretien : binages, buttages, arrosages. — Animaux nuisibles. — Récolte : époques, signes de maturité, exécution, dessiccation, battage. — Conservation des arachides. — Rendement. — Poids de l'hectolitre. — Quantité d'huile et de tourteau fournie par les graines. — Usages de l'huile, du tourteau et des racines. — Valeur commerciale de l'huile, des graines et du tourteau. — Bibliographie.

Historique. — L'arachide, que l'on nomme *pistache de terre, noix de terre, pois de terre*, est cultivée depuis longtemps en Espagne et en Italie. Elle est originaire de l'Asie, mais elle croît naturellement en Afrique. On la connaissait en France au commencement du siècle dernier : en 1723, Nissole en a donné une excellente description d'après les pieds qu'il avait observés dans le jardin royal de Montpellier, où on ne put les conserver longtemps.

Ce fut seulement au commencement du siècle actuel qu'on se préoccupa de ses propriétés oléagineuses. En 1801, Lucien Bonaparte, alors ambassadeur à la cour de Madrid, en adressa des graines à M. Méchin, préfet du département des Landes, en l'invitant à les faire semer sur les terres sablonneuses de cette contrée. Les premiers essais ayant réussi, M. Méchin fit imprimer une instruction détaillée sur la culture de cette plante et l'adressa à tous les agriculteurs qui se proposaient de répéter ces expériences. Cette publication eut d'autres résultats : elle fut cause que la culture de l'arachide fut aussi expérimentée en grand dans les départements des Basses-Pyrénées, des Pyrénées-Orientales, du Gard, des Bouches-du-Rhône, de Vaucluse, de l'Isère, de l'Aude et de la Drôme. Dans toutes ces contrées, on resta convaincu que l'arachide était une excellente oléifère et qu'on parviendrait très-certainement à la naturaliser. Les événements politiques qui survinrent de 1808 à 1815, ne permirent pas de donner suite à ces essais, et la culture de l'arachide fut abandonnée. Ces expériences furent reprises de 1820 à 1822, époque où les oliviers furent en partie détruits par les gelées ; mais mal connues, mal dirigées, elles n'eurent aucun résultat. Les agriculteurs qui les avaient entreprises les abandonnèrent en disant : 1° que l'épluchage de la graine était nécessaire dans l'extraction de l'huile et que cette opération était difficile ; 2° que le commerce refusait d'acheter l'huile d'arachide.

M. Chaise, qui avait été témoin des produits considérables que l'arachide donne au Sénégal, expérimenta de nouveau cette plante en 1839 et 1840 aux environs de Dax, sur une étendue de 5 hectares. Les résultats que lui donnèrent ces essais dépassèrent toutes ses espérances. On pensa alors que cette culture se propagerait. Il n'en fut rien. Pourquoi? Ce problème est encore à résoudre.

A l'époque où M. Chaise regardait l'arachide comme naturalisée dans les landes de la Gascogne, il arrivait du Sénégal à Marseille 722 kilog. de gousses. Ces graines furent aussitôt traitées dans les huileries. Leur rendement en huile fut si favorable que le commerce de cette ville en demanda aussitôt à la Sénégambie. Cette importation s'est accrue d'année en année ; en 1854, les arachides envoyées du Sénégal avaient atteint le chiffre énorme de 4,820,063 kilog. représentant 796,448 francs. La quantité importée de l'Égypte, d'Espagne, etc., en 1856, a dépassé 30 millions de kilogrammes.

Ces faits sont suffisants pour qu'on continue les expériences de M. Chaise, essais si remarquables dans leurs résultats.

L'arachide est très-cultivée dans l'Inde.

Climat. — L'arachide ne peut être cultivée que dans les parties méridionales de l'Europe. Elle réussit très-bien en Espagne, dans le royaume de Valence, et en Italie. On la cultive aussi en Algérie.

En France, elle ne mûrit parfaitement ses graines que dans les départements situés tout à fait au sud et au sud-ouest. C'est que les froids tardifs du printemps ainsi que ceux d'automne lui sont très-nuisibles.

On doit la cultiver de préférence dans ces localités, dans les vallées ouvertes, sur les coteaux abrités des gelées tardives de printemps et hâtives de l'automne. Les situations sèches, aérées, éclairées et chaudes, sont celles qui lui conviennent le mieux.

Végétation. — L'arachide (*fig.* 28) présente,

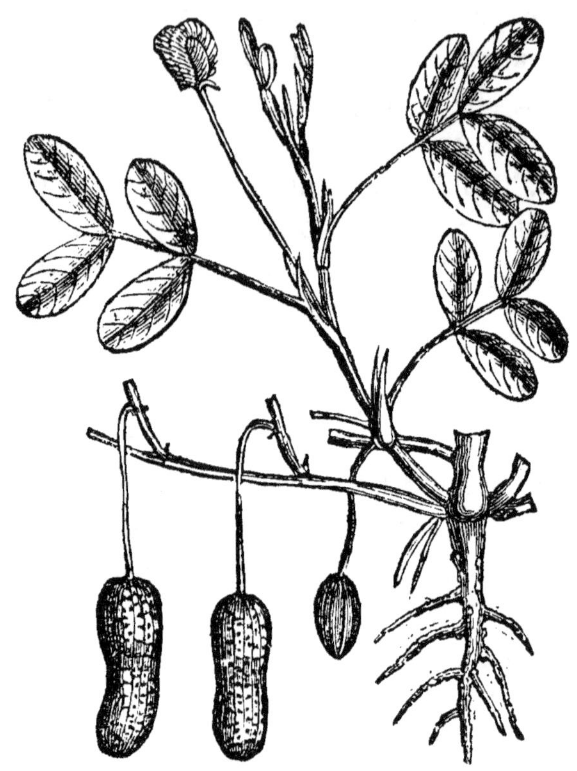

Fig. 28. — Arachide.

pendant sa végétation, une remarquable anomalie. Sa tige s'élève à 0^m,25 ou 0^m,35 de hauteur. (Dans l'Inde, elle atteint de 0^m,65 à 1 mètre de hauteur); et elle donne naissance à des ramifications qui ont ordinairement de 0^m,25 à 0^{m}35 de longueur. La base de sa tige est arrondie et couchée, sa partie supérieure est presque quadrangulaire et dressée. Les rameaux,

qui sont grêles, cylindriques et pubescents, présentent
à chaque pétiole une paire de stipules lancéolées.
Les feuilles sont alternes et composées de deux paires
de folioles obovales ; ces feuilles sont un peu duve-
teuses en dessous et lisses à leur page supérieure. Les
fleurs naissent à l'aisselle des stipules, et sont portées
sur de petits pédoncules qui sont velus ; elles
sont jaunes et ordinairement géminées. Après la
fécondation, le stipe des fleurs femelles s'allonge peu
à peu, et s'élève au-dessus du tube calicinal, lequel
persiste sous forme de pédoncule. Alors, l'ovaire se
courbe vers la terre, s'effile, s'épointe, s'allonge
rapidement, et au bout de cinq à six jours il s'y enfonce de quelques millimètres et commence à grossir.
Les fleurs du sommet des ramifications avortent et
ne produisent pas de fruits. A mesure que le fruit
se développe, il pénètre davantage dans la couche
arable. C'est à $0^m,05$ ou $0^m,10$ au-dessous de la surface du sol qu'il parvient à tout son développement.
Lorsqu'il est arrivé à maturité parfaite, il forme une
gousse oblongue, presque cylindrique, réticulée,
blanc jaunâtre, longue de $0^m,02$ à $0^m,03$, et toujours
remplie de deux graines ayant la grosseur d'une petite amande de noisette. Ces graines sont couleur de
chair, elles renferment une amande blanche, fari-
neuse et oléagineuse.

Les amandes des graines nouvelles ont une saveur
douce, agréable, semblable à celle de la noisette.
On les mange crues ou après les avoir torréfiées.

A Java et à Malaca, on cultive une arachide à
semence brune. Cette variété fournit l'huile appelée
katzang.

Terrain. — A. NATURE. — L'arachide ne peut être cultivée que sur des terres légères, sablonneuses ou silico-argileuses ; les sols argileux, compactes, ne lui conviennent pas, parce quelle y enterre très-difficilement ses fruits.

Une expérience faite par M. Chaise en 1841 dans les environs de Mont-de-Marsan, a démontré une fois encore que l'arachide ne végétait facilement que sur les terres légères, fraîches et profondes. Ainsi, il a constaté qu'elle avait produit :

Sur les sols siliceux. . . . . 72 pour 1.
Sur les terres compactes. . . . . . 29 —

Cette plante réussit très-bien sur les sols d'alluvion et sur les terrains sablonneux, susceptibles d'être arrosés pendant les grandes chaleurs.

B. FERTILITÉ. — L'arachide est épuisante. C'est pour ce motif qu'on la cultive sur des terres riches ou bien fumées. La rapidité avec laquelle cette oléifère accomplit ses phases d'existence, exige qu'on emploie de préférence des fumiers à demi décomposés ou des engrais d'une prompte solubilité.

C. PRÉPARATION. — Le fruit de l'arachide ne pouvant se développer qu'à l'intérieur de la couche arable, il est nécessaire de bien préparer les terrains qu'on lui consacre. Selon sa nature et son état, on exécute cette préparation au moyen de plusieurs labours et hersages.

Semis. — A. ÉPOQUE. — Les semis se font en France, en Espagne et en Algérie de la fin d'avril au commencement de juin, lorsque la température moyenne a atteint $+ 14°$ ou $+ 15°$. A la Caroline, on les pratique depuis le mois de mars jusqu'à mai. Au Sénégal, les ensemencements n'ont lieu qu'après les premières pluies, c'est-à-dire au commencement de juillet.

B. Exécution. — Les arachides se sèment en lignes distantes de 0^m,30 à 0^m,40, suivant la fertilité de la couche arable. On peut aussi les semer en poquets.

Lorsqu'on cultive l'arachide en lignes, on espace les graines dans les rayons, de 0^m,25 à 0^m,30. Quand on la sème en poquets, ces derniers reçoivent 2 à 3 gousses.

Les cotylédons apparaissent au bout de 15 à 20 jours.

C. Préparation de la graine. — On confie les gousses au sol dans l'état où elles se trouvent à la récolte. On a proposé à tort d'émonder les graines qu'elles renferment.

On fait ordinairement tremper les graines dans l'eau pendant trois ou quatre jours avant de les mettre en terre. Ce moyen a l'avantage de hâter la germination des graines et d'empêcher les campagnols, etc., de nuire autant aux ensemencements.

D. Quantité de graines. — On emploie de 250 à 300 litres ou 90 à 100 kilog. de graines par hectare, soit que l'on sème en lignes, soit que l'on exécute les semis en poquets.

E. Enfouissement des semences. — Lorsqu'on dépose les arachides dans des rayons, on les implante dans le sol au moyen du plantoir. Si l'on sème en poquets, on agit de la même manière que s'il était question de semer des haricots, c'est-à-dire en mettant deux ou trois gousses dans chaque trou.

Quoi qu'il en soit, il est nécessaire, dans les deux cas, de placer les graines à $0^m,05$ ou $0^m,08$ de profondeur.

Cultures d'entretien. — A. BINAGE. — L'arachide réclame de fréquents binages. Sans un ameublissement parfait et continuel, cette plante fructifierait peu parce que ses fruits pénétreraient difficilement dans le sol.

B. BUTTAGE. — Cette plante doit être plusieurs fois buttée, afin que ses gousses soient toujours parfaitement enterrées. En Espagne, on butte l'arachide jusqu'à quatre et même sept fois. C'est au buttage répété que l'on doit de récolter quelquefois dans le royaume de Valence jusqu'à 700 gousses sur une seule touffe.

C. ARROSAGE. — On active d'une manière sensible la végétation de l'arachide en lui donnant pendant les temps de sécheresse un ou plusieurs arrosages. Toutefois, ces arrosements, que l'on exécute en juillet et août, ne sont nécessaires que lorsque cette plante végète sur des sols secs et qu'elle souffre des grandes chaleurs.

Animaux nuisibles. — Les campagnols, les mulots et les courtilières font parfois de très-grands dégâts dans les cultures d'arachide.

Récolte. — A. ÉPOQUE. — La récolte des gousses se fait en octobre, en novembre, quand la température moyenne est descendue à $+ 14°$. En Espagne on l'exécute au plus tôt en septembre et au plus tard vers la fin d'octobre.

B. SIGNES DE MATURITÉ. — Les gousses sont arrivées à parfaite maturité quand les plantes ont pris une teinte jaune et que les tiges et leurs feuilles sont presque sèches.

C. Exécution. — On arrache les pieds avec la main ou au moyen d'une fourche à dents plates. Cet outil n'est pas nécessaire quand l'arachide a végété sur un sol siliceux ou des terres d'alluvion très-sablonneuses.

Au fur et à mesure qu'on arrache les pieds, on les secoue fortement pour détacher les parties terreuses qui adhèrent aux racines et aux gousses.

D. Dessiccation. — Quand l'arrachage est terminé, on rapporte les pieds à la ferme pour les faire sécher dans des lieux secs ou sous des hangars. A Valence on suspend les arachides le long des murailles.

Cette dessiccation n'est pas nécessaire en Afrique et au Sénégal, parce que les gousses sont parfaitement sèches au moment de l'arrachage.

E. Battage. — Lorsque les tiges et les racines sont sèches, lorsque les graines résonnent dans les gousses, on procède au battage. Cette opération se fait sur une aire au moyen de gaules ou de fléaux très-légers afin de ne pas écraser les graines.

Au Sénégal, on détache une à une les arachides des parties auxquelles elles sont attachées. Ce travail long et minutieux est confié aux femmes et aux enfants des noirs.

Conservation des arachides. — Les gousses une fois détachées des pédoncules sont conservées dans des locaux sains. On doit éviter de les emmagasiner dans des bâtiments humides ou très-secs afin qu'elles ne moisissent pas ou qu'elles ne perdent pas une partie notable de leur·poids.

Rendement. — La quantité de gousses que donne l'arachide est très-variable. Ainsi, on récolte depuis 1,500 jusqu'à 4,500 kilog. à l'hectare. Les produits moyens varient entre 1,800 et 2,500 kilog., ou 50 à 70 hectolitres.

L'arachide produit, en Algérie, de 2,400 à 3,000 kilog.

Poids de l'hectolitre. Un hectolitre de gousses pèse de 30 à 40 kilog. suivant leur grosseur et leur qualité.

Quantité d'huile et de tourteau fournie par les graines. — L'arachide est très-oléagineuse. L'industrie, à Marseille, Nantes et Rouen, extrait des arachides qui viennent du Sénégal, de 30 à 40 p. 100 d'huile. Voici quels ont été les résultats des expériences faites à Marseille, par M. Bonnet :

	Gousses.	*Graines mondées.*
Huile.	30 p. 100	45 p. 100
Tourteaux. . . .	68 —	55 —

Il résulte de ces faits, que l'industrie n'a aucun avantage à monder les gousses, puisque les amandes ne rendent pas au delà de 30 p. 100 du poids primitif des gousses.

En Espagne, les gousses donnent souvent 60 p. 100 d'huile lorsqu'on les presse aussitôt qu'elles ont été récoltées. En Italie, on en obtient 50 p. 100. A Pondichéry on obtient en moyenne 37 pour 100 d'huile et à Madras 43 p. 100.

M. Chaise a obtenu, en 1839, dans le département

des Landes, des résultats très-remarquables. Il a récolté, avec des gousses venant du Sénégal, 2,200 kilog., ou 60 hectolitres d'arachides par hectare. Ces gousses, après avoir été mondées, ont pesé 1,674 kilog. et elles ont donné par une seule pression, 837 kilog. d'huile, soit 37,50 p. 100 du poids des gousses et 50 p. 100 du poids des graines mondées.

Les gousses sont aux amandes comme 32 est à 24.

Ainsi 100 kilog. d'arachides donnent en moyenne :

Amandes.	77 kilog.
Coques ou enveloppes.	23
Total.	100 kilog.

Usage. — A. HUILE. — L'huile d'arachide est moins grasse que l'huile d'olive, mais lorsqu'elle est fraîche et qu'elle est fabriquée à froid, elle est comestible et égale, si elle ne la surpasse pas, celle du pavot-œillette. Cette huile est jaune verdâtre et conserve un peu de la légère odeur de l'amande. Quand elle a été filtrée, elle devient presque blanche ou limpide et gagne en qualité. Elle a l'avantage de se conserver longtemps sans rancir. Sa densité est de 0,906.

Cette huile est aussi employée dans la fabrication du savon blanc, des huiles de toilette et dans l'éclairage; mais son pouvoir éclairant est faible. En brûlant, elle produit une flamme blanche. Cette huile sert aussi à graisser les machines et les laines.

B. TOURTEAU. — Le tourteau d'arachide est blanchâtre parce qu'il retient une fécule blanche et fine.

Il contient 6,07 d'azote à l'état normal. Ce tourteau est un peu dur et pesant.

C. RACINES. — Les racines de l'arachide ont un goût qui rappelle beaucoup celui de la racine de réglisse. C'est à cause de cette propriété qu'on les fait sécher et qu'on les vend pour remplacer les racines de cette plante.

D. FEUILLES. — Dans l'Inde on utilise avec succès les feuilles de l'arachide comme fourrage.

Valeur commerciale. — A. HUILE. — Le prix de l'huile d'arachide varie de 90 à 120 fr. les 100 kilog.

B. GRAINES. — Les gousses se vendent en balle au prix de 40 à 50 fr. les 100 kilog. Ces graines rancissent facilement et en vieillissant elles perdent de leur qualité oléifère.

C. TOURTEAU. — Le tourteau se vend de 7 à 11 fr. les 100 kilog.

BIBLIOGRAPHIE.

Nisolle. — Mém. de l'Académie des Sciences, 1723, in-4, p. 387.
Macartney. — Voyage dans l'int. de la Chine, 1798, t. IV, p. 85.
Casini. — Mém. de l'Académie des Sciences, 1762. in-4, p. 59.
Golberry. — Voyage en Afrique, 1802, in-8, t. I, par 440.
Poiret. — Hist. des plantes de l'Europe, 1802, in-8, t. VII, p. 68.
Durand. — Voyage au Sénégal, 1802, in-4, t. I, p. 30.
?. — Expér. de l'arachide dans les Landes, 1802, in-8.
Tessier. — Annales de l'agricult. française, 1802, in-8.
Pailhasson. — Journal des Basses-Pyrénées, 1803, n° 37.
De Lasteyrie. — Cours d'agric., 1804, in-4, t. XI, p. 157.
Frémont. — Notice sur l'arachide, 1804, in-8.
Tenore. — Mém. sur la cult. de l'arachide, 1807, in-8.
De Candolle. — Mém. de la Soc. centr. d'agric., in-8, t. XI, p. 45.
Sonnini. — Traité de l'arachide, 1808, in-8.

Brioli. — Bulletin de Pharmacie, 1810, in-8, p. 117.

R. de la Bergerie. — Cours d'agric., 1820, in-8, t. III, p. 296.

Bosc. — Cours complet d'agric., 1821, in-8, t. I, p. 400.

Payen et **Henri**. — Chimie médic. et de pharm., 1825, in-8, p. 36.

Philippar. — Mém. de la S. centr. d'agr., 1842, in-8, p. 36.

Bonnet. — Annales Provençales, 1842, in-8.

De Gasparin. — Cours d'agric., 1848, in-8, t. IV, p. 172.

Payen et **Richard**. — Précis élém. d'agric., 1851, in-8, t. I, p. 526.

Poiteau. — Ann. de la Soc. d'hortic., 1854, in-8, t. XLV, p. 30.

Audibert. — Revue coloniale 1855, in-8, numéro de juillet.

SECTION VIII.

Sésame.

SESAMUM ORIENTALE, L.   SESAMUM INDICUM, D. C.

(De Σησάμη, nom grec donné à cette plante.)

Plante dicotylédone de la famille des Sésamées.

Anglais. — Oily grain.   *Espagnol.* — Ajonjoli.
Allemand. — Sesam.   *Egyptien.* — Semsem.
Italien. — Giuggiolena.   *Arabe.* — Djudjulen.

Historique. — Climat. — Végétation. — Terrain. — Semis. — Soins
d'entretien. — Récolte. — Rendement. — Poids de l'hectolitre.
— Rapport des graines aux tiges. — Rendement en huile et en
tourteau. — Usages de l'huile, des graines et des tourteaux. —
Valeur commerciale. — Prix de revient. — Bibliographie.

Historique. — Cette plante, connue en Orient
depuis les temps les plus anciens, est le *sempsen* de
Théophraste. Hérodote rapporte que les Juifs l'a-
vaient reçue des Égyptiens et ceux-ci des Babylo-
niens. Pline et Dioscoride en ont aussi fait mention ;
enfin, elle est citée dans les manuscrits grecs sous le
nom de *sesimx*, mot que le P. Hardouin a traduit par
jugeoline ou *jujoline*.

Le sésame, rival redoutable pour l'olivier, est cultivé en grand dans l'Inde, la Perse, la Turquie, la
Roumélie, la Russie méridionale, l'Égypte, l'Arabie,
la Mésopotamie, la Grèce et l'Afrique. Jusqu'à ce
jour, les peuples de ces contrées l'ont regardé
comme une sorte de manne, parce qu'ils utilisent
souvent ses semences comme aliment.

La France importe annuellement une quantité con-

sidérable de graines de sésame. En 1855, les importations ont atteint 31,521,658 kilog. ayant une valeur de 13,672,952 fr.

Climat. — Cette plante accomplit librement
toutes ses phases d'existence dans la région des oliviers. D'après M. de Gasparin, elle exige 2,700° de
chaleur totale pour mûrir ses graines.

Il est nécessaire de la cultiver dans les lieux abrités : les grands vents lui sont très-nuisibles.

Si l'agriculture française cultive peu cette oléifère,
c'est qu'elle ne peut pas entrer en lutte avec la Turquie, l'Égypte et les Indes anglaises, contrées où les
terres demandent beaucoup moins d'engrais que les
terrains de nos provinces méridionales.

Végétation. — Le sésame (*fig.* 29) a des racines
pivotantes, des tiges hautes de 0^m,80 à 1 mètre, cylindriques, cannelées, velues, un peu visqueuses et très-
ramifiées ; ses feuilles sont ovales, oblongues, entières ou dentées, et d'un beau vert. Les fleurs sont
blanches ou rosées, solitaires, irrégulières et portées
sur des pédoncules axillaires ; elles produisent des
capsules allongées, à deux loges, s'ouvrant par le
sommet, et contenant quatre rangées de graines jaunâtres ou brunes, ovoïdes, ayant la pointe mousse et
plus petites que celles du lin.

En général, le sésame termine son existence entière en trois ou quatre mois.

Variétés. — On cultive plusieurs variétés qui
diffèrent les unes des autres par la couleur de leur semence.

Le *sésame à graine noire* appelée ***Parellou*** ou ***Ko-***

Fig. 29. — Sésame.

la-teel dans l'Inde, est la variété la plus estimée parce que ses graines donnent plus d'huile.

Le *sésame à graine blanche* ou *Teellée* est aussi très-cultivé.

Le *sésame à graine rousse* ou *Kourellou* est plus petit; ses feuilles sont rouges et ses fleurs rougeâtres.

Dans l'Inde on sème presque toujours ensemble le teellée et le kola-teel.

Terrain. — Cette plante réussit très-bien sur les terrains d'alluvion et sur les terres silico-argileuses, de moyenne fertilité, mais fraîches et susceptibles d'être arrosées. C'est sur de tels terrains qu'on la cultive en Égypte, en Palestine et en Syrie. Les terres qu'on lui destine doivent être parfaitement divisées par des labours et des hersages.

Semis. — On sème la graine à la volée ou en lignes, en avril ou en mai, quand la température moyenne a atteint $+ 13°$ à $+ 16°$.

En Égypte, les semis se font aussi en avril sur les terres que le Nil a fécondées; on recouvre les graines par un léger labour.

Dans l'Inde on sème le parellou pendant le mois de mars, c'est-à-dire après la récolte du riz et après avoir arrosé la terre deux fois. Le kourellou se sème seulement en juin.

Au Bengale, on sème le sésame en février; à Pondichéry, le kourellou se sème en janvier et le parellou en septembre.

On hâte la germination des graines en les faisant tremper pendant vingt-quatre à quarante-huit heures.

On répand 15 à 20 litres de graines par hectare.

Il ne faut pas semer trop épais, afin que l'air et la lumière agissent sur la base des plantes, et ne pas trop enterrer les semences.

Soins d'entretien. — On éclaircit les plantes quand elles ont de 0^m,12 à 0^m,16 de hauteur. Les pieds doivent être espacés de 0^m,25 à 0^m30.

Après l'éclaircissage, on arrose par infiltration tous les quinze ou vingt jours, suivant la température et la nature du sol.

Récolte. — Les fleurs se montrent dès que les plantes ont 0^m,25 à 0^m,30 de hauteur, c'est-à-dire en juillet ; il s'en épanouit encore à l'époque de la récolte. La plupart des graines arrivent à maturité vers la fin d'août ou dans la première quinzaine de septembre.

Lorsque les tiges sont jaunes et les siliques rougeâtres, et que les premières capsules éclatent, on coupe les plantes avec une faucille et on les lie par poignées que l'on dresse sur le sol en écartant la base. On doit agir avant la maturité complète de toutes les graines, et autant que possible le matin ou le soir, parce que le sésame s'égrène facilement.

Quand les tiges et les siliques sont sèches, c'est-à-dire douze à quinze jours après l'arrachage, on procède au battage. Cette opération se fait avec des baguettes ou des fléaux légers.

Au Bengale, la récolte a lieu en mai. Au Népaul, on fait toujours deux récoltes par an.

La graine est expédiée dans des sacs ou en balles.

Rendement. — Le sésame donne de bons produits quand on le cultive sur des terres que les fleuves fécondent pendant l'hiver ou des sols de bonne qualité. En moyenne, on compte par plante 45 à 50 gousses contenant chacune de 40 à 50 graines. En France, dans le Midi, on a récolté en moyenne de 1,000 à 1,200 kilog. de graines. En Algérie, M. Hardy en a obtenu 1,500 kilog., ou 22 hect. 50 litres.

Poids de l'hectolitre. — Un hectolitre de graine pèse 62 à 65 kilog.

Le sésame du Levant ou de la Roumélie, du Danube, du Volo et de l'Hellespont pèse 60 kilog. l'hectolitre. Le poids du sésame de l'Inde varie entre 56 et 57 kil.

Rapport des graines aux tiges. — Le sésame produit beaucoup de paille. On a constaté que les graines sont aux tiges sèches :: 100 : 600.

Rendement. — A. Huile. — La graine de cette oléagineuse contient de 50 à 53 p. 100 d'huile ; mais les usines n'en retirent que 46 à 48. Ainsi, un hectare qui produit de 1,000 à 1,200 kilog. de graines, fournit de 500 à 575 kilog. d'huile.

Dans l'Inde on en retire 45 p. 100. A Marseille les graines du Levant donnent au maximum 50 p. 100 d'huile et celles de Calcutta et de Bombay 47 p. 100.

10 kilog. de graines du Levant donnent dans les huileries les résultats suivants :

Première pression à froid, huile surfine.	30 kilog.
Deuxième pression à froid, huile fine.	10 —
Troisième pression à froid, huile ordinaire.	10 —

B. Tourteau. — La graine fournit de 48 à 50 p. 100 de tourteau.

Usages. — A. Huile. — L'huile que l'on extrait

à froid est très-comestible ; on la mélange fréquemment avec l'huile d'olive. Les Arabes la préfèrent à cette dernière huile. Le marc traité à chaud fournit l'huile que l'on emploie dans la fabrication des savons, ou pour brûler. La première est désignée souvent sous le nom d'*huile de froissage* et la seconde sous celui d'*huile de rabat*.

L'huile comestible est légèrement aromatique, un peu amère, un peu colorée en jaune, mais elle rancit difficilement ; sa pesanteur spécifique est de 0,906 à 0,919. A — 3°, elle s'épaissit et devient opaque.

B. GRAINES. — En Égypte, les graines du sésame servent à fabriquer une pâte blanchâtre que l'on emploie pour entretenir la fraîcheur et la beauté de la peau. Les Indiens les font griller et les mêlent à de la farine ou ils s'en servent pour préparer certains aliments qu'ils recherchent. En Italie, on les mêle au pain auquel elles communiquent une saveur piquante, ou elles servent à faire les confitures appelées *turroni*.

Dans quelques parties de l'Inde, les graines de sésame sont employées pour teindre la soie en jaune orangé.

C. TOURTEAU. — Le tourteau est employé comme engrais, ou l'on s'en sert avec succès pour nourrir les animaux domestiques. Il contient, d'après MM. Soubeiran et Girardin, 11 p. 100 d'eau et 5,57 d'azote. Dans l'Inde il est mangé par les classes pauvres.

Valeur commerciale. — La graine de sésame se vend de 45 à 65 fr. les 100 kilog. Celle qui vient de l'Inde a moins de valeur que les graines récoltées en Égypte ou en Turquie.

L'huile se vend de 110 à 120 fr. les 100 kilog.

Le prix du tourteau varie entre 12 et 14 fr. les 100 kilog. La valeur des *tourteaux blancs* est un peu plus élevée que celle des *tourteaux bruns*.

Prix de revient. — M. Hardy a constaté que la culture du sésame en Algérie présentait par hectare les résultats suivants :

Dépenses.	259ᶠ.00
Recettes (1,475 kil. de graines à 50 fr. les 100 kil.).	737 .50
Bénéfices.	478 .50
Prix de revient par hectolitre.	10 .18
Prix de vente.	32 .50

Cultivé dans le midi de la France, le sésame engagerait par hectare un capital plus fort que les dépenses qui précèdent.

BIBLIOGRAPHIE.

Bosc. — Encyclopédie méthodique, 1796, in-8, t. vi, p. 322.

Bonnet. — Annales Provençales, 1842, in-8.

Husson. — Bull. de la Soc. d'agric. de l'Hérault, 1843, in-8, avril.

Hardy. — Revue agricole, 1845, in-8, p. 177.

Vimort-Maux. — Bullet. de la S. centr. d'agr., 1846, in-8, p. 94.

De Romanet. — Ann. de l'assoc. norm., 1856, in-8, t. xii, p. 218.

De Gasparin. — Cours d'agricult., 1848, in-8, p. 162.

SECTION IX.

Soleil ou Tournesol.

Heliantus annuus, L.

(De ἄνθος, fleur en soleil.)

Plante dicotylédone de la famille des composées.

Anglais. — Sunflower.   *Italien.* — Girasole.
Allemand. — Sonnemblume.

Le *grand soleil* est aussi cultivé comme plante oléagineuse ; il est originaire du Pérou, et a été importé d'Espagne en France, vers le milieu du xvie siècle. En 1725, on le cultivait en grand en Bavière et dans la Franconie. C'est en 1787 qu'il a été accepté en France comme oléifère. Il est de nos jours très-cultivée dans la Russie méridionale.

La culture de cette plante est aujourd'hui très-peu répandue en France : 1° parce qu'elle exige des terres très-riches ; 2° parce qu'il est difficile d'empêcher les oiseaux de s'attaquer aux graines ; 3° parce que ses semences ne contiennent que 15 pour 100 d'huile ; 4° parce que l'huile qu'elles fournissent est moins bonne que l'huile d'œillette.

Le soleil (*fig.* 30) a une tige simple, cylindrique, haute de 2 à 3 mètres, des feuilles pétiolées, cordiformes, dentées et hérissées de poils, des fleurs jaunes en capitules très-volumineuses et penchées, des graines ovales, aplaties, longues de 0^m,008 à 0^m,012, noires ou blanchâtres rayées de gris.

On cultive dans le gouvernement de Woroneje (Russie) deux variétés fort peu connues en Eu-

Fig. 30. — Soleil ou Tournesol.

rope. La première a une graine entièrement blanche ; la seconde produit une semence grise avec des raies noires. Les graines de ces deux variétés sont remarquables par leur grosseur.

On connaît depuis une variété naine qu'on appelle *petit soleil* ou *soleil nain;* mais cette variété produit peu de graines, à cause de la petitesse de ses fleurons.

On sème la graine de soleil en avril, en lignes ou à la volée sur des terres légères et bien préparées, à raison de 10 ou 15 litres de graines par hectare. On éclaircit les plantes de manière qu'elles soient espacées de $0^m,30$ à $0^m,40$.

Il est utile pendant l'été de donner les binages nécessaires et butter les plantes afin qu'elles résistent mieux aux vents violents.

En septembre ou octobre, lorsque les semences sont presque mûres, on coupe les têtes et les suspend dans un endroit aéré. Quand les graines sont sèches, on les livre aux huileries.

La graine du grand soleil fournit une huile qui possède, lorsqu'elle a été extraite à froid, une belle couleur citrine et une saveur douce. Elle en donne ordinairement 15 pour 100. Lorsqu'on monde préalablement la graine, on en obtient beaucoup plus. Cette huile est connue dans le commerce sous le nom d'*huile de tournesol.*

100 kilog. de graines fournissent environ 33 kilog. d'amandes, et 100 kilog. d'amandes donnent de 20 à 25 kilog. d'huile.

Le soleil est très-productif. Il donne en moyenne 40 à 50 hectolitres par hectare.

Cretté de Palluel a dit, en 1786, que le grand soleil pouvait donner par hectare jusqu'à 240 hectolitres de graines et 60,000 kilog. de tiges. De tels produits n'ont été obtenus dans aucun pays.

Un hectolitre pèse de 37 à 40 kilog. et 1 litre contient 8,500 à 9,000 graines.

Les tiges sèches forment un excellent combustible; on les emploie pour chauffer les fours. Un hectare en fournit de 15,000 à 20,000 kilog.

Les graines sont très-recherchées par les oiseaux et les volailles. Les habitants de la Virginie réduisent les semences mondées en bouillie avec laquelle ils nourrissent les enfants en bas âge.

CHAPITRE III.

ARBRES ET ARBUSTES OLÉIFÈRES.

Amandier commun (*Amygdalus communis*, L.). Arbre de la famille des rosacées. Les amandes donnent une huile douce, légèrement purgative et employée en pharmacie; on la nomme *huile d'amandes douces*.

Cornouillier sanguin (*Cornus sanguinea*, L.). Arbrisseau de la famille des cornées, dont les graines fournissent, dans quelques parties de l'Italie, une huile alimentaire ou propre à l'éclairage.

Fusain d'Europe (*Evonymus Europeus*, L.). Arbrisseau de la famille des célastrinées. L'huile que les graines fournissent est employée comme purgatif en Angleterre et pour l'éclairage en Allemagne.

Genévrier commun (*Juniperus communis*, L.). Arbrisseau de la famille des conifères. On extrait de son bois une huile que l'on appelle *huile de cade*.

Hêtre commun (*Fagus sylvatica*, L.). Cet arbre appartient à la famille des cupulifères. Ses graines fournissent l'*huile de faînes*, que l'on emploie à différents usages.

Noisetier commun (*Corylus avellana*, L.). Arbrisseau de la famille des cupulifères. On extrait de ses amandes une huile très-douce, très-siccative et propre à la peinture.

Noyer commun (*Juglans regia*, L.). Arbre de la famille des juglandées ; ses graines fournissent une huile comestible excellente que l'on nomme *huile de noix*.

Prunier de Besançon (*Prunus Brigantiaca*, Vill.). Arbrisseau de la famille des rosacées ; ses graines donnent une huile qui sert à la préparation de l'*huile de marmotte*.

CHAPITRE IV.

PLANTES PROPOSÉES COMME OLÉAGINEUSES, MAIS NON ENCORE
ACCEPTÉES PAR LA PRATIQUE.

Roquette sauvage (*Nasturtium sylvestre*, L.).
Plante vivace de la famille des crucifères, que l'on
rencontre dans presque tous les lieux humides. Les
graines contiennent 28 p. 100 d'huile.

Radis oléifère (*Raphanus sativus oleifer*).
Cette crucifère bisannuelle est originaire de la Chine.
On a abandonné en France sa culture, parce que ses
graines sont peu abondantes et difficiles à extraire
des siliques. L'huile, qu'elles fournissent dans la
proportion de 50 p. 100, est âcre et à peine comestible.

Lépidie des champs (*Lepidium campestre*,
R. B.). Plante annuelle de la famille des crucifères,
très-commune sur le bord des chemins; ses graines
contiennent 28 p. 100 d'huile.

Cresson alénois (*Lepidium sativum*, L.). Cette
crucifère annuelle est cultivée dans les jardins
comme plante potagère; ses graines ressemblent à
celles de la cameline; elles contiennent 56 p. 100
d'huile.

Drave printanière (*Draba verna*, L.). Plante annuelle grêle appartenant à la famille des crucifères. On la rencontre dans les prés secs. Ses graines renferment 28 p. 100 d'huile.

Guizotia oléifère (*Guizotia oleifera*, D. C.). Plante annuelle de la famille des composées, cultivée en Abyssinie et aux Indes orientales, pour l'huile contenue dans ses graines.

FIN.

TABLE DES MATIÈRES

CHAPITRE PREMIER.

	Pages.
Plantes bisannuelles	3
Section I. Colza d'hiver	3
— II. Navette d'hiver	63
— III. Rutabaga	73
— IV. Julienne	74

CHAPITRE II.

Plantes annuelles	76
Section I. Pavot ou œillette	76
— II. Cameline	109
— III. Colza de printemps	119
— IV. Navette de printemps	122
— V. Madia	124
— VI. Ricin ou Palma-Christi	132
— VII. Arachide	145
— VIII. Sésame	158
— IX. Soleil ou tournesol	166

CHAPITRE III.

Arbres et arbustes oléifères	171

CHAPITRE IV.

Plantes proposées comme oléagineuses et non encore acceptées par la pratique	173

Paris. — Imprimerie de Gusset et Cᵉ, rue Racine, 26.

CATALOGUE

DE LA

LIBRAIRIE AGRICOLE

DE

LA MAISON RUSTIQUE

RUE JACOB, 26, A PARIS

PAR ORDRE DE MATIÈRES ET NOMS D'AUTEURS

AVRIL 1869

DÉSIGNATION DU CATALOGUE

La Maison rustique.............................   3
Agriculture. — Économie rurale. — Comptabilité...   4
Amendements. — Engrais. — Chimie. — Physique.
    Météorologie.................................... 12
Drainage. — Irrigations. — Étangs. — Pisciculture.. 14
Constructions. — Instruments. — Arts agricoles... 16
Animaux domestiques. — Médecine vétérinaire.... 16
Arboriculture. — Horticulture. — Botanique..... 19
Vigne. — Boissons. — Distillation. — Sucre...... 23
Abeilles. — Mûriers. — Soie. — Vers à soie....... 24
Bois. — Forêts. — Charbon....................... 25
Économie domestique. — Cuisine................. 27
Journaux. — Publications périodiques.......... 28
Enseignement primaire agricole................ 32
Bibliothèque du Cultivateur.................... 33
Bibliothèque du Jardinier...................... 34
Table alphabétique des noms d'auteurs......... 35

AVIS IMPORTANT

Toute commande de livres publiés à Paris, si elle est faite par un abonné du *Journal d'agriculture pratique*, de la *Revue horticole* ou de la *Gazette du village*, et accompagnée du prix de ces livres en un mandat sur Paris, ou, ce qui est plus sûr, en un bon de poste dont on garde la souche, qui sert de quittance, est expédiée sur tous les points de la *France*, de l'*Algérie*, de l'*Italie*, de la *Belgique* et de la *Suisse*, *franco*, au prix marqué dans les catalogues, c'est-à-dire au même prix qu'à Paris.

Les commandes de plus de 50 francs, faites dans les mêmes conditions, sont expédiées *franco* et sous déduction d'une *remise de dix pour cent*.

Quel que soit le chiffre de la commande, la remise est toujours de *dix pour cent* pour les abonnés, lorsque, au lieu d'expédier par la poste les ouvrages demandés, la *Librairie agricole* les livre au comptant à Paris

Le catalogue de la *Librairie agricole* est expédié *franco* à toute personne qui en fait la demande *franco*.

On ne reçoit que les lettres affranchies.

MAISON RUSTIQUE DU XIXE SIÈCLE

CINQ VOLUMES GRAND IN-8 A DEUX COLONNES

ÉQUIVALANT A 25 VOLUMES IN-8 ORDINAIRES, AVEC 2,500 GRAVURES

REPRÉSENTANT

LES INSTRUMENTS, MACHINES, ANIMAUX, ARBRES, PLANTES, SERRES
BATIMENTS RURAUX, ETC.

PUBLIÉS SOUS LA DIRECTION DE

MM. BAILLY, BIXIO ET MALPEYRE,

TABLE DES PRINCIPAUX CHAPITRES DE L'OUVRAGE

TOME Ier. — AGRICULTURE PROPREMENT DITE

Climat.	Labours.	Conservation des ré-	Plantes-racines.
Sol et sous-sol.	Ensemencements.	coltes.	Plantes fourragères.
Amendements.	Arrosements.	Voies de communica-	Maladies des végé-
Engrais.	Irrigations.	cation.	taux.
Défrichement.	Récoltes.	Céréales.	Animaux et insectes
Desséchement.	Clôtures.	Légumineuses.	nuisibles.

TOME II. — CULTURES INDUSTRIELLES, ANIMAUX DOMESTIQUES

Plantes oléagineuses.	Houblon.	Pharmacie vétéri-	Cheval, âne, mulet.
Plantes textiles.	Mûrier.	naire.	Races bovines.
— économiques.	Arbres olivier.	Maladies des ani-	Races ovines.
— potagères.	— noyer.	maux.	Races porcines.
— médicinales.	— de bordures.	Anatomie.	Basse-cour.
— aromatiques.	— de vergers.	Physiologie.	Lapin, pigeon.
— tinctoriales.	Animaux domesti-	Elevage et engrais-	Chiens.
	ques.	sement.	

TOME III. — ARTS AGRICOLES

Lait, beurre, fro-	Laine.	Lin, chanvre.	Résines.
mage.	Vers à soie.	Fécule.	Meunerie.
Incubation artifi-	Abeilles.	Huiles.	Boulangerie.
cielle.	Vins, eaux-de-vie.	Charbon, tourbe.	Sels.
Conservation des	Cidres, vinaigres.	Potasse, soude.	Chaux, cendres.
viandes.	Sucre de betterave.		

TOME IV. — FORÊTS, ÉTANGS; ADMINISTRATION; CONSTRUCTION

Pépinières.	Empoissonnement.	Administration.	Constructions.
Arbres forestiers.	Législation rurale.	Choix d'un domaine.	Attelages.
Culture des forêts.	Droits de propriété.	Estimation.	Mobilier.
Exploitation.	Bail, Cheptel.	Acquisition.	Bétail, engrais.
Abatage.	Biens communaux.	Location.	Systèmes de culture.
Estimation.	Police rurale.	Améliorations.	Ventes et achats.
—	Aménagement.	Capital.	Comptabilité.
Pêche, Etangs.	Plantation.	Personnel.	

TOME V. — HORTICULTURE

Terrain, engrais.	Semis-greffes.	Jardin fruitier.	Plans de jardins.
Outils, paillassons.	Pépinières.	— fleuriste.	Calendrier du Jar-
Couches, bâches.	Taille.	— potager.	dinier.
Terres.	Arbres à fruits.	Culture forcée.	— du forestier.
Orangerie.	Légumes.	Fleurs.	— du magnanier.

Prix des 5 volumes (ouvrage complet). . . . . 39 fr. 50

Chaque volume pris séparément. . . . . 9 fr. »

Il n'y a pas d'agriculteur éclairé, pas de propriétaire qui ne consulte as-
sidûment la *Maison rustique du dix-neuvième siècle;* ce livre qui est encore l'expression la plus complète de la science agricole pour notre époque,
peut former à lui seul la bibliothèque du cultivateur. 2,500 gravures ré-
parties dans le texte parlent aux yeux et donnent aux descriptions une
grande clarté.

AGRICULTURE — ÉCONOMIE RURALE

ALLIOT.

Maladies des végétaux (Origine des) et des animaux herbivores, moyens de les prévenir par le drainage. 92 p. in-8. . . . . . . 1 50

ALMANACH.

Almanach du Cultivateur, par les Rédacteurs de la *Maison rustique*. 192 pages in-18 et 68 gravures. . . . . » 50

Une nouvelle édition de cet almanach est publiée chaque année.

ANNALES.

Annales de l'Institut agronomique de Versailles. 1 vol. in-4 de 418 pages avec 4 planches. 3 50

BERTIN.

Chemins vicinaux (Des). In-8 de 111 p. . . . . 1 »

Statistique des subsistances (De la). 1 v. in-12 de 96 p. » 50

BODIN.

Agriculture (Éléments d'). 4ᵉ édit. 1 vol. in-18 de 360 p. 1 75

BON FERMIER (Le).

Bon Fermier (Le). Aide-mémoire du Cultivateur, par Barral, et pour **la Revue agricole de 1868**, par Allix, de Céris, Gayot, Grandeau, Grandvoinnet, Heuzé, Liébert, Eug. Marie, Rampont-Lechin, Ronna. 1 volume in-12 de 1,495 pages et 100 gravures. . . 7 »

Ouvrage contenant : le calendrier détaillé — le tableau des foires de chaque département — des tables usuelles pour la détermination du poids du bétail et pour les principaux besoins de l'agriculture — les travaux agricoles de chaque mois pour toutes les parties de la France — les distilleries — féculeries — brasseries et autres industries annexées aux exploitations rurales — la mécanique agricole complète, avec description et gravure des meilleurs instruments aratoires, machines, etc.

Une nouvelle édition du *Bon Fermier* est publiée tous les ans, avec revue de l'année écoulée et addition des nouveautés.

BONNIER.

De l'assistance publique. 1 vol. in-8 de 224 p. . . . . 3 »

Monographies agricoles. 1 vol. in-12 de 168 p. 1 25

Statistique agricole et industrielle de l'arrondissement de Valenciennes, 1 vol. in-8 de 178 pages. 3 50

BORIE (Victor).

Agriculture et liberté. 1 vol. in-8 de 189 pages. . . . . 4 »

Calendrier agricole (LES DOUZE MOIS). 1 vol. in-8 à 2 colonnes de 380 pages et 95 gravures. 3 50

Question du Pot-au-feu. Organisation du commerce des viandes. In-8 de 47 pages. 1 »

Travaux des champs. (Bibl. du Cultiv.). 188 p. et 121 grav. 1 25

BOST.

Table décennale du Correspondant des justices de paix et des tribunaux de simple police. 1 vol. in-8 de 184 p. 4 »

BRAY (De).

Question des sucres. Résumé des opinions. In-8. 25 pages. » 50

Breton.

Assistance publique (L') et la bienfaisance au dix-neuvième siècle.
1 vol. in-8 de 160 pages. 2 50

Crédit agricole en France. 100 pages in-8. . . . . 1 »

Défrichement (Manuel théorique et pratique du). 1 v. in-8
de 400 pages. . . . . 4 »

Bujault (Jacques).

OEuvres de Jacques Bujault. 5e édition. 1 vol. in-8 de 540 pages
et 33 gravures. 6 »

Cancalon.

Histoire de l'agriculture. 1 volume in-8 de 474 pages. . 6 »

Carpentier.

Enseignement agricole (Entretien sur l') en France,
1 brochure. . . . . » 40

Corenwinder.

**L'Agriculture flamande à l'Exposition universelle de
1867.** Rapport sur l'Exposition agricole collective du département du
Nord. 1 vol. in-8 de 205 p. 1 50

Crises, etc.

Crises agricoles (Les) dans l'abondance et la pénurie des grains.
1 brochure in-18 de 40 p. 3e édit. . . . . » 50

Damourette.

Calendrier du métayer. 1 vol. in-12. (Bibl. du Cultiv.). . 1 25

Destremx de Saint-Cristol.

Agriculture méridionale. Le Gard et l'Ardèche. 1 vol. in-8 de
407 pages. 3 50

Dezeimeris.

Conseils aux agriculteurs sur l'art d'exploiter le sol avec profit,
3e édit. 1 vol. in-12 de 654 pag. 3 50

Dombasle (De).

Abrégé du calendrier du bon cultivateur ou manuel de
l'Agriculteur praticien, 1 vol. in-12. 280 p. 1 50

Extrait de l'abrégé du Calendrier du cultivateur,
in-12, 98 p. . . . . » 60

Agriculture (Traité d'). 5 vol. in-8. . . . . 30 »

Annales de Roville. 9 vol. in-8. . . . . 61 50

Calendrier du Bon Cultivateur, 10e édition. 1 vol. in-12 de
872 pages et 5 planches. 4 75

Écoles d'arts et métiers. 1 br. in-18 de 106 pages. . . 1 »

Économie politique et agricole. 1 vol. in-18 de 194 p. 1 50

Doyère.

Alucite des céréales, ses ravages et moyens de les faire cesser.
110 pages in-4, gravures et 3 planches. 3 50

Ensilage. In-8 de 48 pages. . . . . » 75

Dralet.

Taupier (Art du). 16ᵉ édition. In-12 de 66 pag. . . . . . . 1 »

Dreuille (De).

Métayage (Du) et des moyens de le remplacer. 1 v. in-18 de 104 p. 1 »

Dugué.

Comptabilité agricole (Notions pratiques de). 1 brochure in-8 de 32 pages. . . . . 1 »

Durrieux.

Monographie du paysan du département du Gers, 1 vol. in-18 de 260 pages. 3 50

Emion (V.).

Taxe (La) du pain, avec préface par V. Borie. in-8 de 108 p. 4 »

Enquête.

Agriculture française (Enquête sur l'), par une Réunion de députés. 1 vol. in-8 de 244 pages. 2 50

Erath.

Houblon, par Erath, traduit par Nicklès. (Bibl. du Cultiv.). 136 pages et 22 gravures. 1 25

Estancelin.

Enquête (L') et la crise agricole, lettre à M. le ministre de l'agriculture. 1 brochure in-8 de 32 pages. . . . . 1 »

Falloux (Comte de).

Dix ans d'agriculture. Br. in-8, 47 pages. . . . . 1 »

Flaxland.

Enquête agricole (Quelques considérations relatives à l'), dans les départements frontières du Nord-Est. . . . . . . 1 »

L'Agriculture à l'Exposition univ. de 1867. In-8, 28 p. 1 »

Frilet.

Igname de la Chine (Notice sur la pomme de terre et l'). In-8 de 24 pages . . . . » 50

Gasparin (De).

Agriculture (Cours d'), par de Gasparin, membre de l'Académie des sciences, ancien ministre de l'agriculture. 6 vol. in-8 et 233 gr.. 59 50

Fermage (estimation, baux, etc.) (Bibl. du Cult.) 3ᵉ éd. 216 p. 1 25

Métayage. (Bibl. du Cult.). 2ᵉ édit. 166 pages 1 25

Safran (Culture du), 33 p. in-8. . . . . » 75

Gaucheron.

Économie agricole (Cours d') et de culture usuelle, 2 vol. in-18. . . . . 2 50

Gaultier.

Trente années d'agriculture pratique. in-12 de 275 p. 1 25

Girardin (J.).

Agriculture (Mélanges d'). 2 vol. in-12. . . . . 5 »

Gourcy (De).

Voyage agricole en France, Allemagne, Hongrie, Bohême, Belgique. 1 vol. in-12 de 432 pages. 3 50

Gouvello (Cᵗᵉ De).

Colonies agricoles pour les enfants assistés et les orphelins pauvres. 52 pages in-8. . . . . » 50

Goux (J.-B.).

Le sorcier, légende du chantier rural. In-18, 70 pages. . . . . 1 »

Grandeau (L.).

Stations agronomiques et laboratoires agricoles. Instructions sur le but, l'organisation, l'installation, le budget et les travaux de ces établissements. 1 vol. in-18 (sous presse). 1 25

Grandeau (L.) et Schlœsing.

Le tabac, moyens d'améliorer sa culture. 1 vol. in-18. (Bibl. du Cultivateur). 1 25

Groussbau (De).

Comices (Manuel des). 1 br. in-32 de 50 p. . . . . » 15

Guillon.

Agriculture provençale (Essai d'un traité d'). 2 vol. in-18, ensemble de 300 pages. . . . . 5 »

Agriculture provençale (Vade mecum de l'). 1 vol. in-18, de 136 pages . . . . 2 »

Catéchisme de l'agriculteur provençal. In-18 de 52 p. 1 »

Gustave (D.)

Hanneton. Ses ravages, moyen de le détruire. 1 br. in-8 de 16 p. » 75

Havrincourt (Marquis D').

Notice sur le domaine d'Havrincourt. 1 v. in-8, 200 p.; 31 gravures, 2 plans coloriés. 15 »

Heuzé.

Agriculture au moyen âge (De l'influence exercée par les croisades sur l'). br. in-8 de 23 p. . . . . » 50

Assolements et systèmes de culture. 1 vol. in-8 de 536 p. avec nombreuses gravures sur bois. . . . . 9 »

Plantes oléagineuses. 1 vol. in-12, 180 p. nombr. grav. (Bibl. du Cult.). 1 25

Fumures et des étendues de fourrages (Formules des). 72 pages. (Bibl. du Cult.). 1 25

Pavot (Culture du). 1 vol. in-18 de 44 pages. . . . . . . » 75

Plantes fourragères., 3ᵉ édition. 1 vol. in-8 de 582 p. avec 42 vignettes sur bois et 20 gravures coloriées. . . . . 10 »

Plantes industrielles. 2 vol. in-8 de 896 pages, avec des vignettes sur bois et 20 gravures coloriées. . . . . 18 »

Chaque partie séparément. . . . . 9 »

1ʳᵉ partie. Plantes oléagineuses tinctoriales, salifères, à balais, à cormes, condimentaires, à cardes et d'ornement funéraire.—2ᵉ partie: plantes textiles, narcotiques, à sucre et à alcool, aromatiques et médicinales.

Plantes alimentaires. 2 vol. in-8, avec atlas (sous presse).

Hecquet d'Orval.

Destruction (de la) des insectes nuisibles aux récoltes. in-8, 37 p. . . . . 1 »

Hooïbrenk.

Fécondation artificielle des céréales. br. in-8 de 24 p. » 50

Jamet.

Agriculture (Cours d') et chaulages de la Mayenne. 2e édit. 400 p. in-12 . . . . 3 50

Joigneaux.

Causeries sur l'agriculture et l'horticulture. 2e édit. 1 vol. in-18 de 403 pages. 3 50
Champs et prés (Les). (Bibl. du Cultiv.). 140 p. 1 25
Choux. Culture et emploi. (Bibl. du Cultiv.). 1 vol. in-18 de 180 p. et 14 gravures. 1 25

Joubert.

Comptabilité agricole (Agenda de). In-4 . . . . 3 »

Joubert et Chevalier.

Agriculture (L') en Sologne, 1 vol. in-8, 298 pages. . . . . . 4 »

Kaindler.

Coton en Algérie (Culture du). Une br. in-18. . . . . . 1 »

Labourage (à vapeur, etc.).

Labourage (Du) à vapeur et des labours profonds en 1867. Résultats du concours international de Petit-Bourg. 1 vol. de 96 pages in-8 avec 14 gravures. . . . . 3 fr.

Lartet.

Colline de Sansan. Récapitulation des espèces d'animaux vertébrés fossiles trouvés à Sansan. 48 p. in-8 et 1 planche. 1 25

Laterrade.

Grêle (moyens d'en combattre les effets). 1 brochure in-8 de 64 pages 1 25

Laurençon.

Traité d'agriculture élémentaire et pratique à l'usage des écoles primaires. 2 vol. in-18 avec nombreuses gravures. . . 1 50
Chaque volume séparé. 75

Laveleye.

Économie rurale (Essai sur l') de la Belgique. 1 vol. in-18 de 304 pages. 3 50

Lavergne.

Agriculture des terrains pauvres. 1 v. in-18 de 200 p. 3 »

Lavergne (De).

Agriculture (L') et l'enquête. Br. de 48 pages. . . . 1 »
Agriculture et population. 1 vol. in-8 de 412 pages. . 3 50
Économie rurale de la France depuis 1789. 1 vol. in-12 de 490 pages. 3 50
Économie rurale (Essai sur l') de l'Angleterre, de l'Écosse et de l'Irlande. 3e édit. 1 vol. in-12. . . . . 3 50

Lecoq.

Plantes fourragères (Traité des). 2e édition. 1 vol. in-8 de 518 pages et 40 gravures. 7 50

Lecouteux (E.).

Agriculture (L') et les élections de 1863. 64 p. in-8. 1 »
Blé (La Question du). Br. de 32 p. . . . . 1 »
Culture améliorante (Principes de la). 3e édition. 1 vol. in-12 de 400 pages. 3 50

Ledocte.

Plantes-racines. (Bible du cultiv.). 1 vol., 250 p. et 24 grav. 1 25

LEFEBVRE.
Maladie des pommes de terre. In-8 de 112 pages. . . . 1 50
LEFOUR.
Comptabilité et géométrie agricoles. (Bibl. du Cultiv.). 214 p.
et 104 grav. 1 25
Culture générale et instruments aratoires.(Bibl. du Cultiv.).
1 vol. in-18 de 160 pages et 135 gravures. 1 25
Problèmes agricoles (300). 1 brochure in-18 de 36 p. » 50
LÉON.
Des droits sur les grains et des changements que comporte la lé-
gislation des céréales. In-8, 27 pages. . . . . 1 »
LÉOUZON.
Enseignement agricole (Réforme de l'). in-8 de 28 p. 1 »
LEPLAY.
Sorgho sucré (Culture du) comme plante industrielle et comme
plante fourragère. 36 pages in-8. . . . . 1 »
LEROY (A.).
Revue agricole illustrée. Guide du châtelain. In-4 de 148 pages,
orné de nombreuses gravures. . . . . 5 »
LIEBIG (DE).
Lettres sur l'agriculture moderne, par le baron Justus de Lie-
big, traduites par le docteur Théodore Swarts. vol. in-18 de 244 p. 3 50
LOUVEL.
Grains (Conservation des) au moyen du vide. . . . » 75
LULLIN DE CHATEAUVIEUX.
Voyages agronomiques en France. 2 vol. in-8, ensemble
1031 pages. . . . . 10 »
LURIEU (DE) et ROMAND.
Colonies agricoles (Études sur les) de mendiants, jeunes déte-
nus, orphelins et enfants trouvés de Hollande, Suisse, Belgique, France.
1 vol. in-8 de 462 pages. 7 50
MAGNIER.
Avenir de l'agriculture par l'enseignement agricole. » 40
MARTINELLI.
Comices (Appel aux). 32 pages in-8. . . . . » 50
MARTRES.
Agriculture (L') du département des Landes devant l'en-
quête, et son amélioration par la culture de la vigne et du pin.
In-12 de 100 pages et table. . . . . » 75
MASURE.
Leçons élémentaires d'agriculture à l'usage des agriculteurs
praticiens et destinées à l'enseignement agricole dans les écoles spécia-
les d'agriculture, dans les écoles normales primaires et dans les écoles
communales.
Première partie : Les plantes de grande culture, leur organisation et leur
alimentation. 1 vol. in-18 de 330 p. et 32 grav. 3 50
Deuxième partie : Vie aérienne et vie souterraine des plantes agricoles.
1 vol. de 477 pages et 20 figures. 3 50
L'ouvrage complet, ... 7 »
MÉHEUST (P.).
Économie rurale de la Bretagne. 1 vol. in-18 de 220 p. 2 50
Économie rurale (Leçons publiques d'). 1 vol. in-18 de
68 pages. . . . . 1 »

Mesnil-Marigny (Du).

Céréales et la douane (Les). 1 vol. in-18 de 260 p. . .   3 »

Midy.

Nouvelle manière de cultiver et de récolter les betteraves.. 2ᵉ édition. In-8 de 48 pages.. . . . .   1 »

Moll.

Inondations (Moyens de réparer les ravages des).   » 50

Nivière.

Dombes (La) ou l'Eau et l'Herbe. Conseils aux propriétaires de grandes terres. 1 vol. in-8 de 128 pages et tableaux . . . . . .   2 »

Papier.

Tabacs en Algérie (Question des). In-8 de 88 p. . . . .   2 »

Paté (J.-B.).

Mes revers et mes succès en agriculture. in-8 de 126 p.   2 »

Pépin-Lehalleur.

Labourage à vapeur. Concours international de Roanne, rapport du jury. In-8 de 49 pages. . . . .   » 50

Perret.

Agriculture (L') et l'Enseignement primaire. In-8 de 23 p.   » 60

Perrin de Grandpré.

Crédit agricole et caisse d'épargne. In-8 de 48 p. .   1 »

Petit-Laffitte.

Tabac (Culture du). 104 pages in-12.. . . . .   2 »

Pichat et Casanova.

Question agricole en Dombes (Examen de la). In-8 de 72 p. et tableaux. 1 50

Rancy (Edmond de Granges de).

Comptabilité agricole (Tratié de), 2ᵉ édit. In-8 de 296 p.   5 »

Réunions, etc.

Réunions territoriales, création de chemins d'exploitation. Étude sur le morcellement en Lorraine, par F. P. 48 pages in-8. .   » 75

Richard.

Conservation des céréales. Détails explicatifs de deux procédés pour la destruction des charançons. In-32 de 36 pages . . . . .   » 25

Rioudet.

Agriculture (L') de la France méridionale, ce qu'elle a été, ce qu'elle est, ce qu'elle pourrait être. 1 vol. in-18 jésus de 560 p. . . .   5 50

Olivier (L'). In-18 jésus de 139 ages. (Bibl. du Cultiv.) . .   1 25

Rochussen.

Culture et fécondation artificielles des céréales, système Hooïbrenk. 1 v. in-8 de 54 pages, avec 3 pl. 1 50

Rondeau.

Crédit agricole (Projet de). 1 vol. in-18 de 256 p. . . . .   2 »

Royer.

Allemande (L'Agriculture), ses écoles, son organisation, ses mœurs et ses pratiques. 1 vol. grand in-8 de 542 p.. . . . .   7 50

Statistique agricole de la France en 1843. 1 vol. in-8 de 304 pages.. . . . .   5 »

Saint-Aignan.

Crise agricole (La), prise de loin et vue de haut.   1 »

Saint-Martin.
Crédit agricole (Du). in-8, 40 pages.. . . . . 2 »

Saintoin-Leroy.
Comptabilité agricole (Cours complet)

1° *Manuel de comptabilité agricole pratique,* en partie simple et en partie double,
troisième édition, avec modèle des écritures d'une exploitation rurale pour une
année entière. 1 vol. gr. in-8 et tableaux, de 192 p. . . . . 5 »
2° *Comptabilité-matières de l'agriculteur,* Complément du *Manuel de comptabilité agricole pratique,* suivie du *Livre du travail,* et d'une *Méthode abrégée
de tenue des livres agricoles en partie simple.* 1 vol. gr. in-8 de 144 pages,
avec nombreux tableaux. . . . . 4 »
3° *Comptabilité simplifiée, agricole et commerciale,* mise à la portée de la
moyenne et de la petite culture, suivie de la *Comptabilité spéciale des marchands et des artisans,* à l'usage des écoles primaires de garçons et de filles.
1 vol. gr. in-8 et tableaux, de 96 pages. . . . . 2 »

Registres pour la grande et la moyenne culture.

Registre-Mémorial de l'Agriculteur (comptabilité-matières), réunion de tous les
tableaux nécessaires à la constatation de tous les faits d'une exploitation rurale. 1 vol. gr. in-4 oblong. . . . . 5 »
Livre de caisse (comptabilité-espèces), registre en tableaux. 1 vol. grand in-4
oblong. 2 50
Journal, registre en blanc réglé et folioté. 1 vol. gr. in-4 oblong. 2 50
Grand-Livre, registre en blanc réglé et folioté. 1 vol. gr. in-4 oblong. . . . 5 »
On peut joindre à ces registres des cahiers quadrillés pour la constatation journa-
lière des travaux de main-d'œuvre, des attelages et de la nourriture du personnel.
1° Cahier quadrillé avec instruction et modèles de tableaux. 1 vol. petit in-4
oblong. . . . . 2 »
2° Cahier simplement quadrillé. 1 vol. petit in-4 oblong. 1 25
Agenda de poche du Cultivateur, petit cahier à joindre à tous les Agendas usuels,
de 36 pages, format in-18; prix des dix exemplaires. 1 50
Comptabilité de la petite culture à l'aide d'un seul livre dit Mémorial-caisse, a
l'usage de l'enseignement élémentaire de la comptabilité agricole dans les
écoles primaires. in-4 oblong.. . . . . 1 25

Registres pour la comptabilité simplifiée.

Registre unique du Cultivateur pour l'application de la Comptabilité simplifiée.
1 vol. petit in-4 oblong, de 100 pages. . . . . 2 »
Le même, moins fort, pour les écoles. . . . . » 60
Livre de caisse des Marchands. 1 vol. petit in-4 oblong. . . . . . . 2 »
Livre de caisse des Artisans. 1 vol. petit in-4 oblong. . . . . 2 »
Chaque volume ou registre se vend séparément.

Schlœsing et Grandeau (L.) Voir Grandeau et Schlœsing.

Schwerz.
Agriculteur commençant (Manuel de l'), traduit par Villeroy,
(Bibl. du Cultiv.). 5e édit. 332 pages. 1 25

Sers (Louis).
Enquête agricole (L') dans le département des Basses-Pyrénées, en
1866. 1 vol. in-8 de 93 pages. 2 50
Souffrances de l'agriculture (Les) et les vices de son organisation devant la société et le droit commun. In-8, 48 pages. . . . 1 »

Stockhardt.
Ferme (La), Guide du jeune Fermier. 2 vol. in-18 formant ensemble
646 pages. . . . . 7 »

Tapié.
L'Agriculture devant l'industrie, in-8, 16 p. . . . . . » 50

Vigneral (De).

Agriculture (Manuel populaire d') à l'usage des cultivateurs d'Argentan. 92 pages in-8. . . . . 1 25

Ville (Georges).

Maladie des pommes de terre. In-8 de 32 pages. . . . 1 »

La betterave et la législation des sucres. Conférence faite à Arras le 30 mai 1868, à la demande de la Société d'agriculture. Br. gr. in-8, 42 p. et 2 pl. 1 25

Agriculture (L') par la science et par le crédit, conférence faite à la Sorbonne, le 7 janvier 1869, 1 vol. in-8, 43 pages. . . . . 1 »

Vilmorin.

Sorgho sucré et igname de Chine. 8 pag. . . . . » 25

Young (Arthur).

Voyages en France pendant les années 1787, 1788, 1789, traduit par Lesage. 2 vol. in-18. . . . . 7 »

Zweifel.

Assistance publique (L'). In-8, 52 pages. . . . . 1 »

AMENDEMENTS, ENGRAIS, CHIMIE, PHYSIQUE, MÉTÉOROLOGIE

Annuaire de la Société météorologique de France. Recueil de 400 à 600 pages in-8 ; l'année . . . . 30 »
En vente les années 1852 à 1866.

Bobierre.

Atmosphère (L'), le sol, les engrais. 1 v. in-12 de 632 p. 5

Bortier.

Coquilles animalisées, leur emploi en agriculture. . 1 »

Cartier (J.).

Sels alcalins (De l'emploi des) en agriculture. In-8 de 133 p. 2 »

Composts.

Composts, fumiers, plâtre (Notice sur les), employés comme engrais, br. in-8. . . . . » 50

Fouquet.

Fumiers de ferme et composts. (Bibl. du Cult.). 2e édit., 176 p. et 19 grav. 1 25

Grandeau.

Description sommaire et plan du champ d'expériences établi sur la ferme-école de la Malgrange. In-8. 1 »

Heuzé.

Fumures et des étendues en fourrages (Formules des), 2e édition. 1 brochure in-18 de 68 pages. 1 25

Matières fertilisantes. 4e édition. 1 vol. in-8 de 708 p. 9 »

Jacquemart.

Engrais chimiques (Notes pratiques sur les). in-8. » 50

Jauffret.

Nouvelle méthode pour la fabrication économique des engrais. 1 br. in-8 de 56 p. et 1 pl. . . . . 3 »

Lefour.

Sol et engrais. (Bibl. du Cultiv.). 180 p. et 50 gr. 1 25

Marié-Davy.

Météorologie. Les mouvements de l'atmosphère et des mers, considérés au point de vue de la prévision du temps. 1 vol. grand in-8 avec 24 cartes coloriées et fig. dans le texte. . . . . 10 »

Martin (De).

Engrais alcalins (Des) extraits des eaux de mer. In-8 de 15 pag. » 50

Mége-Mouriès.

Fabrication des acides gras propres à la fabrication des bougies et des savons. In-4 de 22 pages. . . . . 1 »

Mémorial.

Mémorial du propriétaire améliorateur. Excellence, emploi et dosage des amendements calcaires. 1 vol. in-12 de 296 pages. 2 50

Okorski.

Désinfection des villes. Engrais complet dit engrais atmosphérique. 1 brochure in-8, de 24 pages et 5 tableaux. . . . . 1 »

Petit-Laffitte.

Études de terres arables. 1 vol. in-18 de 160 p. . . . 1 50

Piérard.

Chaux (La), son emploi en agriculture. 36 pages in-12 . . . » 75

Pierre (Isidore).

Chimie agricole. 4e éd. 1 vol. in-12 de 560 pag. et 23 grav. 4 »

Recherches analytiques sur la valeur comparée de plusieurs des principales variétés de betteraves. In-8 de 46 pages. . . . . 1 »

Puvis.

Amendements (Traité des). 1 vol. in-18 de 440 p. 5 50

Renou.

Instructions météorologiques et Tables usuelles. 188 p. de texte, 112 de tables. . . . . 3 »

Ronna (A.).

Industries (Les) agricoles. Sucrerie, distillerie, brasserie, vins, vinaigres, conservation des grains, meunerie, féculerie, etc. 1 vol. in-8 de 464 pages, 75 grav. et 8 pl.. . . . . 10 »

Utilisation des eaux d'égout en Angleterre ; Londres et Paris. 1 vol. in-8 de 132 pages et 5 grandes planches. . . . . . 6 »

Sacc.

Chimie agricole (Précis élémentaire de). 2e édition. 1 vol. in-12 de 454 pages et 5 gravures 3 50

Stockhardt.

Chimie usuelle appliquée à l'agriculture et à l'industrie. Trad. par Brustlein. 1 vol. in-18 de 524 p. et 225 grav. 4 50

Ville (Georges).

Engrais chimiques (Les). 1er volume. Entretiens agricoles donnés au champ d'expériences de Vincennes dans la saison de 1867. 3e édition. 1 vol. in-18 jésus de 300 pages. Gravures et planches. 3 50

2e volume. Entretiens agricoles donnés au champ d'expériences de Vincennes dans la saison de 1868. 1 vol in-18 jésus (*sous presse*). . 3 50

Recherches expérimentales sur la végétation. Mémoires et mélanges, t. Ier. 1 vol. gr. in-8 de 400 p. avec 5 pl. et gr. 15 »

La maladie des pommes de terre. Br. gr. in-8, 32 p.   1 »

La betterave et la législation des sucres. Br. grand in-8, 48 p. et 2 pl. 1 25

Ecole (l') des engrais chimiques. Premières notions de l'emploi des agents de fertilité. In-12, 100 pages et 1 pl. . . . .   1 »

DRAINAGE—IRRIGATION—ÉTANGS—PISCICULTURE

Barral.

Drainage des terres arables. 2ᵉ édition. 2 vol. in-12 formant ensemble 960 pages et contenant 443 grav. et 9 pl. . . . .   7 »

Irrigations, engrais liquides et améliorations foncières permanentes. 1 v. in-12 de 790 p. et 120 grav. 7 50

Législation du drainage, des irrigations et autres améliorations foncières permanentes. 1 vol. in-12 de 664 pages. 7 50

Benoit.

Drainage (Système de). In-8, 24 pages et 1 pl. . . . . . .   1 »

Bertin.

Irrigations (Code des), suivi des rapports de MM. Dalloz et Passy, et de la législation étrangère, par Bertin, avocat, rédacteur en chef du journal *le Droit.* 1 vol. in-8 de 182 pages. . . . .   3 »

Bortier.

Désséchement des Moëres par **Cobergher en 1622.** Grand in-8, 8 p., portrait et plans. . . . .   1 »

Delacroix.

Drainage (Faits de), débit des terres drainées, position des plans d'eau souterrains. 84 pages in-18 et 4 gravures. 1 25

Danilewski.

Coup d'œil sur les pêcheries en Russie. Gr. in-8 de 75 p.   1 50

Jeandel.

Inondations (Études expérimentales sur les). In-8 de 146 p. 2 50

Joigneaux.

Pisciculture et culture des eaux. 1 vol. in-18 de 360 pages et 61 gravures. 3 50

Lambot-Miraval.

Montagnes (moyens de les reverdir par l'irrigation et de prévenir les inondations). 66 pag. . . . .   2 »

Leclerc.

Drainage (Traité pratique de), 1 v. in-12 de 424 p. 150 gr.   3 50

Martin.

Code nouveau de la pêche fluviale. 1 vol in-18, 184 p.   1 50

Midy.

Drainage (Le) et l'irrigation. 27 pages in-8. . . . .   » 50

Monny de Mornay.

Irrigations en Italie et en Allemagne (Législation des). In-8 de 166 pages. 3 50

Mouls.
Huîtres (Les). 1 v. in-18. 1 25

Muller (A.) et Villeroy (F.)
Manuel des irrigations. 2ᵉ édition revue et corrigée par les auteurs. 1 vol. in-12 de 263 pages et 123 gravures. 3 50

Nivière.
Drainage (Moyen d'obtenir du) tout son effet utile. . . . » 75

Pellault.
Irrigations. Commentaire de la loi du 29 avril 1843. In-12 de 374 p. 3 50

Sers.
Irrigation dans les contrées montagneuses. Brochure in-8 de 24 pages. . . . . » 75

Thackeray.
Drainage (Philosophie et art du). 96 p. 2 50

Vignotti.
Irrigations du Piémont et de la Lombardie. 1 vol. in-18 de 94 pages. . . . . » 75

Villeroy (F.)
Voir Muller (A.) et Villeroy (F.)

Virebent.
Drainage rendu facile. 40 p. in-8 et 3 pl. 1 25

Vitard.
Manuel populaire de drainage 2ᵉ édition. 1 vol. in-12 de 164 p. avec figures et planches. 2 50

CONSTRUCTIONS, INSTRUMENTS, ARTS AGRICOLES

Bona.
Constructions rurales (Manuel des). 3ᵉ édition. 1 vol. in-18 de 296 p. et nombreuses grav. 3 50

Casanova.
Charrue (Manuel de la). 1 vol. in-18 de 176 p. et 83 gr. 1 75

Damey.
Machines à battre (Le conducteur de). 1 vol. in-18 de 108 pages. 1 50

Grandvoinnet.
Constructions rurales. Les bergeries. Dispositions diverses, constructions, matériel meublant. 1 vol. in-12, 314 pages, orné de 169 gravures dans le texte. 5 »

Kergorlay (De).
Ferme de Canisy. 24 p. in-4 et 52 grav. . . . . 1 »

Labourage (à vapeur, etc.).
Labourage (Du) à vapeur et des labours profonds en 1867. Résultats du concours international de Petit-Bourg. 1 vol. de 96 pages in-8 avec 14 gravures. . . . . 3 fr.

Lefour.
Constructions et mécanique agricoles. (Bibl. du Cultiv.) 216 p. et 151 gr. 1 25

Machines, etc.

Machines à moissonner. Rapport du jury sur le concours de 1859. 64 pages grand in-8, 34 gravures. . . . .   1 »
PEPIN-LEHALLEUR.

Labourage à vapeur. Concours international de Roanne, rapport du Jury, in-8 de 49 pages. . . . .   » 50
PLANET (DE).

Machines à battre (La vérité sur les). In-18 de 256 p.   2 »
RONNA.

Les industries agricoles. Sucrerie, distillerie, brasserie, vins, vinaigres, conservation des grains, meunerie, féculerie. In-8 de 464 pages, 75 gravures et 8 planches. . . . . 10 »
SAINT-MARTIN.

Chemins ruraux (Des). 1 brochure in-8 de 60 p. . . . .   2 »
TOUAILLON.

Meunerie (La), la boulangerie, la biscuiterie, la vermicellerie, l'amidonnerie, la féculerie, etc. 1 vol. in-18 de 452 p. . . . .   5 »

ANIMAUX DOMESTIQUES — MÉDECINE VÉTÉRINAIRE

Almanach de la société protectrice des animaux. In-12 de 192 pages, orné de nombreuses gravures. . . . .   » 50
AYRAULT.

Industrie (De l') mulassière en Poitou, ou étude de la race chevaline mulassière, de l'âne, du baudet et du mulet. 1 vol. in-12 de 200 pages et 3 planches. . . . .   5 »
BENION.

Races canines (Les). Origine, transformations, élevage, amélioration, croisement, éducation, utilisation au travail, rage, maladies, taxes, etc., 1 vol. in-12 de 260 pages, orné de 12 grav. 3 50
BORIE (Victor).

Animaux de la ferme, par Victor Borie. — ESPÈCE BOVINE. Ce volume, grand in-4, contient 46 aquarelles dessinées d'après nature, 65 gravures noires intercalées dans le texte et 332 pages imprimées avec luxe, cartonné. . . . . 85 »
Richement relié. . . . . 100 »
BOULEY.

La Maréchalerie. Résumé historique de la ferrure et des progrès accomplis. in-8, 16 p. Exposition universelle de 1867. Rapports du Jury international.   1 »
CHARLIER.

Ferrure périplantaire (PRINCIPES DE LA), dite ferrure Charlier, appliquée au cheval et au bœuf de travail. In-8, 16 p. et 14 fig.   » 75
DAIGNAUD.

Race bovine du Limousin (Amélioration de la). 1 vol. in-18 de 106 pages. 1 50
DAMPIERRE (DE).

Races bovines. (Bibl. du Cult.). 2e édit. 196 pages et 28 gr.   1 25
FLAXLAND (J.-F.).

Études sur l'élevage, l'entretien et l'amélioration de la race bovine en Alsace. 124 p. in-8. . . . .   2 »

GAYOT.

Attelage du bœuf et de la vache (Théorie et pratique du meilleur mode d'). in-8 de 65 pages. . . . . 1 »

Bétail gras (Le) et les concours d'animaux de boucherie. 1 vol. in-8 de 204 pages. 3 50

Cheval (Achat du). (Bibl. du Cultiv.). 1 vol. de 216 pages et 25 grav.. . . . . 1 25

Chevaline (La France). 1re partie : *Institutions hippiques.* 4 vol in-8. . . . . 26 »
2e partie : *Etudes hippologiques.* 4 vol. . . . . 26 »

Lièvres, lapins et léporides. (Bibl. du Cultiv.), 216 p. et 16 grav. 1 25

Mouches et vers. 1 vol. in-12 de 218 p. orné de 33 vign. 3 50

Poules et œufs. (Bibl. du Cultiv.). 1 v. de 216 pag. 1 25

Sportsman (Guide du), ou traité de l'entrainement. 1 vol. in-18 de 376 pages avec 12 gravures. 4e édition. 3 50

GEOFFROY SAINT-HILAIRE.

Animaux utiles (Acclimatation et domestication des). 4e édition. 1 beau vol. in-8 de 534 pages et 47 gravures. . . . . 9 »

GOUX.

Race bovine garonnaise. 1 vol. in-8 de 80 pages. 1 50

GUYTON.

Ferrure de Miles (Exposé analytique de la). In-8 de 16 p. et 1 pl.. . . . . 1 »

HAYS (DU).

Cheval percheron. (Bibl. du Cultiv.). 1 vol. de 176 p. . . 1 25

Merlerault (Le), ses herbages, ses éleveurs, ses chevaux. 1 vol. in-18 de 182 pag. . . . . 3 »

HERD BOOK FRANCAIS.

Registre des animaux de pur sang, de la race bovine courtes cornes améliorée, dite race de Durham, nés ou importés en France, publié par ordre de Son Exc. le ministre de l'agriculture du commerce et des travaux publics.

Tome II. 1 vol. in-8, de 321 pages. 1858 . . . . 5 »
Tome III. 1 vol. in-8, 598 pages. 1862. . . . . 5 »
Tome IV. En 2 volumes in-8, 1866. . . . . 10 »
Tome V (*Sous presse*).

HEUZÉ (G.).

Porc (Le). 1 volume in-12 de 334 pages avec 56 grav. . . . 3 50

JACQUE (Ch.).

Poulailler (Le). 2e édit. 1 vol. in-12 et 120 grav.. . . . . . 3 50

JUILLET.

Chevaline (Emancipation de l'industrie). In-8 . . 1 50

LAMORICIÈRE (Général DE).

Chevaline (De l'espèce) en France. 1 vol. in-4 de 312 pag. et 3 cartes coloriées.. . . . . 3 50

LEFOUR.

Animaux domestiques. (Bibl. du Cultiv.). 1 vol. in-18 de 162 pages et 33 grav.. 1 25

Cheval, âne et mulet. (Bibl. du Cult.). 1 vol. de 180 pag. et 141 gravures. 1 25

Mouton (Le). 1 vol. in-18 de 390 p. et 76 grav.. . . . . 3 50

Race flamande. 1 volume in-4 de 216 pages, avec 114 gravures noires et 4 pl. coloriées. (Édition de l'Imprimerie impériale.). 20 »

Le Roy.

De la maladie généralement connue sous le nom de sang de rate. In-8, 32 pages. . . . . 1 »

Magne.

Vaches laitières (Choix des). (Bibl. du Cultiv.). 144 pages et 39 gravures.. . . . . 1 25

Millet-Robinet (Mme).

Basse-cour, pigeons et lapins. (Bibl. du Cultiv.). 4e édit. 180 p. et 31 gravures. 1 25

Moll.

De l'état de la production des bestiaux en Allemagne, en Belgique et en Suisse, in-8, 94 pages. 2 75

Pelletan.

Pigeons, dindons, oies et canards. 1 vol. in-12 avec 20 fig. (Bibl. du Cultiv.).. . . . . 1 25

Rauch.

Vétérinaires (Nécessité d'encourager l'établissement des) dans les campagnes. 36 p. in-18 . . . . » 50

Richard (du Cantal).

Le cheval de service et de guerre. 5e édition. 1 vol. in-18 de 476 pages et 28 gravures. 3 50

Saive (De).

Inoculation du bétail. 100 pages in-8 . . . . 2 50

Quelques mots sur l'inoculation du bétail. In-12, 64 pages.. . . . . 1 »

Salle.

Méthode pratique pour aider à la connaissance rapide de l'âge du cheval. Tableau circulaire mobile, cartonné. 5 »

Sanson.

Bétail (Économie du). 4 vol. in-18 et plus de 150 grav.

1er Vol. — Organisation et fonctions physiologiques, hygiène.	3e Vol. — Applications : cheval, âne, mulet.
2e Vol. — Principes généraux de la zootechnie.	4e Vol. — Applications : bœuf, mouton, chèvre, porc.

Chaque volume se vend séparément.. . . . . 3 50

Maréchalerie (La). Ferrure des animaux domestiques, 1 vol. in-12 de 180 pages, 27 grav. (Bib. du Cult.).. . . . . . 1 25

Médecine vétérinaire (Notions usuelles de). (Bibl. du Cultiv.). 2e édit. 1 vol. de 180 pages et 13 gravures. 1 25

Moutons (Les). 1 vol. de 180 pages et 56 gravures. 1 25

Segouin.

Lapins (Nouveau traité pratique de l'éducation des diverses espèces de). 58 pages in-12. . . . . » 50

Vial (A.).

Traité d'hippologie. Connaissance pratique du cheval. 1 vol. in-8 de 319 pages et 73 gravures 7 50

Engraissement du bœuf. (Bibl. du Cultiv.). 1 vol. in-18 de 180 pages et 12 gravures. 1 25

Villeroy.

Bêtes à cornes (Manuel de l'Éleveur de). (Bibl. du Cultiv.). 500 pages et 60 gravures. 1 25

Bêtes à laine (Manuel de l'Éleveur de). 1 vol. de 335 p. et
54 gr. 3 50
Chevaux (Manuel de l'éleveur de). (Types des principales
races.). 2 vol. in-8 avec 121 gravures. . . . . 12 »

ARBORICULTURE — HORTICULTURE — BOTANIQUE

Almanach du jardinier, par les rédacteurs de la **Maison rus-
tique.** 192 pages et 40 gravures. . . . . » 50
Une nouvelle édition de cet Almanach est publiée chaque année.
ANDRÉ.
Plantes de terre de bruyère. Rhododendrons, Azalées, Camellias,
Bruyères, Ipacris, etc. 1 vol. in-18 de 388 pages avec 30 grav. 3 50
APPENDICE.
Appendice à la monographie du genre œillet, du mariage des fleurs,
classification avec figures coloriées. In-12, 35 pages et 10 pl.. . . 1 »
BARON.
Arbres fruitiers (Nouveaux principes de la taille des).
1 vol. in-8 de 142 pages et 23 gravures. 3 50
BENGY-PUYVALLÉE (DE).
Pêcher (Culture du). 2ᵉ édition. 1 volume in-18. . . . . 3 50
BERLÈSE.
Camellia. 3ᵉ édition. Culture et description de 180 variétés nouvelles.
1 vol. in-8 de 340 pages. . . . . 5 »
BONCENNE.
Jardinage pour tous (Traité de). 2ᵉ édition. 1 vol. in-12 de
440 pages. 2 50
BON JARDINIER (LE).
Bon Jardinier (Le), par POITEAU, VILMORIN, BAILLY, DECAISNE, NAUDIN,
NEUMANN, PÉPIN. 1,650 pages in-12. . . . . 7 »
Une nouvelle édition du *Bon Jardinier* est publiée chaque année.
Cet ouvrage a été couronné par la Société impériale d'horticulture.
Bon Jardinier (Gravures du), 22ᵉ édit. 1 vol. in-12 de 648 pag.
avec 680 grav. et planches. . . . . 7 »
BOSSIN.
Reine-Marguerite et ses variétés. In-12 de 48 p. . . . . . . » 50
BRAVY.
Arbres fruitiers (Culture des). 2ᵉ éd. 86 p. in 12. . . . . . » 75
CARRIÈRE.
Arbre généalogique du groupe pêcher. 1 v. in-8. 104 p. 3 »
Encyclopédie horticole. In-12 de 558 p. 3 50
Entretiens familiers sur l'horticulture. 1 vol. in-12 de
584 pages. 3 50
Jardinier-multiplicateur (Guide pratique du), ou art de pro-
pager les végétaux par semis, boutures, greffes, etc. 2ᵉ édition. 1 vol.
in-18 de 416 pages et 85 gravures. 3 50
Pépinières. (Bibl. du Jard.). 148 pages et 30 grav. 1 25
Production et fixation des variétés dans les végétaux,
1 v. in-8 à 2 col. de 72 p. avec 13 gr. sur bois et 2 pl. color. 2 50
CÉRIS (DE).
Jardins et parcs. (Bibl. du Jard.). 1 vol. in-18 avec 60 grav. 1 25

Decaisne et Naudin.

Manuel de l'amateur de jardins. Traité général d'horticulture
Ire partie: Principes de botanique et de physiologie végétale; — IIe partie : Culture des plantes d'agrément de plein air et d'appartements.
IIIe partie : Culture des arbrisseaux et arbres forestiers et d'agrément
et des végétaux de serre chaude et d'orangerie.
Prix de chaque partie. 7 50
  L'ouvrage se composera de quatre parties.

Delchevalerie.

Plantes de serre chaude et tempérée. 1 vol. in-12. (Bibl. du
Jardin,) 156 p. et 9 gr 1 25
Orchidées. 1 vol. in-12, avec 52 figures (Bibl. du Jard.). 1 25

Dumas (A.).

Culture maraichère pour le midi de la France. contenant
le calendrier horticole. 2e édition, 1 vol. in-18 de 144 pages. (Bibliothèque du Jardinier.). 1 25

Dupuis.

Arbrisseaux et arbustes d'ornement de pleine terre. 1 v.
(Bibl. du Jardin), 122 p. et 25 grav. 1 25

L'œillet, son histoire et sa culture, 140 pages. In-32. . . . . . 1 »

Duvillers.

Parcs et jardins (Les), créés et exécutés par F. Duvillers, architecte
paysagiste, paraissant par livraisons de deux planches in-folio avec texte.
Prix de chaque livraison. . . . . 5 »

Gaudry.

Arboriculture (Cours pratique d'). 1 v. in-12 de 304 p.   2 25

Grin.

Le pincement court ou pincement des feuilles. In-18 d
62 pag. (Bibliothèque du Jardinier.) 1 25

Hardy.

Arbres fruitiers ('Taille et greffe des). 6e édition. 1 vol. in-8
et 122 gravures. 5 50

Hérincq, Jacques et Duchartre.

Plantes, arbres et arbustes (Manuel général des). Description et culture de 25,000 plantes indigènes d'Europe ou cultivées dans
les serres, par MM. Hérincq et Jacques, ex-jardiniers en chef du domaine
royal de Neuilly, pour les trois premiers volumes, et Duchartre, pour le
quatrième volume. — 4 vol. petit in-8 à 2 colonnes. . . . . . 36 »

Huard du Plessis.

Noyer (Le). Traité de sa culture, suivi de la fabrication des huiles de
noix. 2e édit. 1 v. in-18 de 175 p. et 45 gr. (Bibl. du Cultiv.)   1 25

Jacquin.

Melon (Monographie complète du). 1 vol. in-8 de 200 pages et
53 planches sur acier. Prix. . . . . 5 »

Jardins, etc.

**Jardins ('Traité de la composition et de l'ornementation
des).** 6e édition. 2 vol. in-4 oblong avec 168 planches gravées.   25 »

P. Joigneaux.

Conférences sur le jardinage (légumes et fruits). 2e édit.,
(Bibl. du Jard.). 152 pages. 1 25

Le jardin potager. Ouvrage illustré de 95 dessins en couleur intercalés dans le texte. 1 beau vol. in-18 de 442 p. . . . . 6 »

LABOURET.

Cactées (Monographie de la famille des), suivie d'un **Traité complet de culture** et d'une table alphabétique de toutes les espèces et variétés. 1 vol. in-12 de 732 pages. 7 50

LACHAUME.

Pêchers en espaliers (Conduite et taille des). 1 vol. in-18 de 212 pages et 40 gravures . . . . 2 »

Poiriers et pommiers (Méthode élémentaire pour tailler et conduire les). 1 vol. in-18 de 285 p. et 49 grav. . . . 2 50

LAHAYE.

Maladies organiques des arbres fruitiers, des causes et des moyens de les prévenir. 1 br. in-8 de 44 pages. 1 50

LAMY.

Des Champignons. Guide indispensable pour acquérir, par des signes certains, la connaissance de leur qualité comestible ou vénéneuse. In-18, 68 pages et 4 pl.. . . . . 1 50

LEBOIS.

Chrysanthème (Culture du). 56 pages in-12. . . . . . . » 75

LECOQ.

Botanique populaire. 1 vol. in-18 de 408 p. et 215 grav. »50

Fécondation naturelle et artificielle des végétaux et hybridation. 1 vol. in-8 de 428 pages et 106 gravures. 7 50

LEMAIRE.

Cactées (Les), Histoire, patrie, organes de végétation, inflorescence et culture, etc. (Bibl. du Jardin.), 140 p. et 11 grav.. . . . . . 1 25

Plantes grasses autres que Cactées. (Bibl. du Jard.). 1 25

LE MAOUT et DECAISNE.

Flore élémentaire des jardins et des champs. avec des Clefs analytiques conduisant promptement à la détermination des Familles et des Genres, et un Vocabulaire des termes techniques. 2 vol. petit in-8 de 940 pages . . . . 9 »

LEROY (André).

Catalogue de André Leroy (d'Angers). 1 v. in-8 de 140 p. 1 »

LEROY (Louis).

Catalogue général des arbres fruitiers et d'ornement de Louis Leroy (d'Angers). 1 vol. in-8 de 145 pages. . . . . 1 »

LIRON (DE) D'AIROLLES.

Catalogue des arbres à fruits, cultivés dans les pépinières des Chartreux de Paris, en 1775. 1 brochure in-18 de 82 pages. . . 2 »

Essais sur la botanique, la physiologie végétale et sur les phénomènes de la végétation, de la reproduction et de l'hybridation, in-8. 2 50

Poiriers (Les) les plus précieux parmi ceux qui peuvent être cultivés à haute tige. 2ᵉ édit. 1 vol. in-8 avec pl.. . . . . 2 »

LOISEL.

Asperge. Culture. (Bibl. du Jard.). 2ᵉ édit. 108 pages et 8 gr 1 25

Melon. Culture. (Bibl. du Jard.). 5ᵉ édit. 108 pages et 7 gr.   1 25

MARX-LEPELLETIER.

Rosier — Violette — Pensée — Primevère — Auricule — Balsamine — Pétunia — Pivoine. (Bibl. du Jard.) 108 p.   1 25

MENET.

Arboriculture (Traité élémentaire et pratique d'). 1 vol. in-8 de 78 pages et 17 planches 2 50

MOREL.

Orchidées (Culture des). Instructions sur leur récolte, expédition et mise en végétation, et liste descriptive de 550 espèces, 1 vol.   5 »

NAUDIN.

Potager (Le), jardin du cultivateur. (Bibl. du Jardinier). 187 pages, 31 gravures. 1 25

Serres et orangeries de plein air. 32 pages, in-8. . .   » 75

NOISETTE.

Jardinier (Manuel complet du). 4 vol. in-8 et un supplément formant ensemble 2170 pages et 25 planches. . . . .   25 »

PONCE (J.)

La culture maraîchère pratique des environs de Paris, 1 vol. in-18 de 320 p., orné de 16 pl. lith. 2 50

PONSORT (DE).

Pensée (Culture de la). (Bibl. du Jard.). in-8, 108 pages   1 25

PRÉCLAIRE.

Arboriculture (Traité théorique et pratique d'). 1 vol. in-8 de 178 pages et 1 atlas in-4 de 15 planches. . . . . . .   5 »

PUVIS.

Arbres fruitiers. Taille et mise à fruit. (Bibl. du Jard.) 2ᵉ édition, 167 pages 1 25

RAFARIN.

Serres (Chauffage des). 1 vol. in-8, 26 grav. 3 50

RAOUL (Abbé).

Arboriculture (Manuel pratique d'). 1 vol. in-18 de 264 pag. et 10 gravures. 2 50

RÉMY.

Champignons et truffes. 1 v. in-18 de 172 p. et 12 pl. color.   3 50

Jardinier des fenêtres (Le), des appartements et des petits jardins. 1 v. in-18 de 280 p. et 40 gr. 4ᵉ édition .   3 50

RIONDET.

Olivier (L'). in-18 de 139 p. (Bibl. du Cultiv.) 1 25

THIBAUT.

Pelargonium. (Bibl. du Jardinier). 2ᵉ édit. 108 p. et 10 gr.   1 25

VINCELOT (l'Abbé)

Réhabilitation du Pic-Vert ou réponse aux observations d'un propriétaire sur l'utilité du Pic. 3ᵉ édit., gr. in-8, 96 pages. .   1 50

VIGNE — BOISSONS — DISTILLATION — SUCRE

Carrière.

Vigne (La). 1 vol. in-18 de 396 p. et 121 grav. 3 50

Clément Prieur.

Étude sur la viticulture et sur la vinification dans le département de la Charente. In-8 de 165 pages. . .   2 »

Collignon d'Ancy.

Vigne. Nouveau mode de culture et d'échalassement. 1 vol. in-8 de 200 pages et 3 planches. . . . .   3 »

Garnier.

Vigne (Théorie pour l'amélioration de la culture de la), 1 vol. in-8 de 192 pages.   2 »

Giret et Vinas.

Chauffage des vins en vue de les conserver, les muter et les vieillir. 2ᵉ édition. 1 vol. in-12, 143 p. et fig. 1 25

Guérin-Menneville.

Maladie des vignes (La). Br. in-12 de 35 pages. . . . . .   » 50

Guillory aîné.

Calendrier du Vigneron. In-12, 120 pages et pl.. . . . . .   1 50

Guyot (Jules).

Vigne (Culture de la) et vinification. 2ᵉ édition. 1 vol. in-12 de 426 pages et 30 gravures 3 50
Viticulture dans la Charente-Inférieure. 1 volume in-8 de 60 pages 2 50
Viticulture dans l'est de la France. 1 vol. in-18 de 204 p. et 46 gravures. 3 50
Viticulture du sud-ouest de la France. 1 vol. in-8 de 248 p. et 89 gravures. 4 50

Heuzé.

Vignes malades (Traitement des), rapport adressé au ministre de l'intérieur. In-8 de 72 pages. . . . .   1 »

Jobard-Bussy.

Vigne (Perfectionnement de la plantation de la). 1 vol. in-8 de 102 pages et 1 planche. 1 50

Laliman.

Vigne (Taille de la) à cordons, vignes et vins étrangers. 1 br. in-8 de 52 pages. 1 25

Le Canu.

Étude sur les raisins, leurs produits et la vinification, in-8 de 31 pages. . . . .   1 »

Leusse (Comte de).

Distillation agricole de la pomme de terre, des topinambours, etc., etc. 1 vol. in-18 de 154 pages. . . . . .   2 »

Machard.

Vins (Traité pratique sur les). 4ᵉ éd. 1 v. in-12 de 359 p.   3 50

Martin (De).

Appareils vinicoles (Les) en usage dans le midi de la France. In-8 de 118 pages . . . . 2 »

Les pressoirs au concours régional de Montpellier. gr. in-8, 24 pages . . . . 1 »

Michaux (A.).

Échalas (Plus d'). Échalas, paisseaux et lattes remplacés par des lignes de fil de fer mobiles. 18 pages et 1 planche . . . . . . » 40

Odart (Comte).

Ampélographie universelle, ou Traité des cépages les plus estimés. 5ᵉ édit. 1 vol. in-8 de 650 pages 7 50

Vigneron (Manuel du). 3ᵉ édition. 1 vol. in-12 de 360 pag. 4 50

Perret.

Trois questions sur le vin rouge. 9 p. in-8, 4 fig. » 50

Robinet (fils).

Vins (Manuel pratique et élémentaire d'analyse des). 1 vol. in-8 de 136 pages et 2 planches . . . . 3 »

Seillan.

Vins du Gers. 11 pages in-4 et 1 carte . . . . 1 »

Terrel des Chênes.

Vins (Pourquoi nos) dégénèrent, in-8 de 48 pages . . 1 »

Vergne (De la).

Soufrage de la vigne (Instruction pratique sur le). 1 vol. in-18 de 82 pages et 1 planche 1 50

Vergnette-Lamotte.

Vin (Le). 2ᵉ édition. 1 vol. in-18 de 400 p. avec 3 pl. en couleur et 31 grav. noires 3 50

Vignial.

Vigne (Hygiène de la). Moyen de lui rendre la santé sans le secours d'aucun remède. In-8 de 39 pages et 4 planches . . . . 1 »

Vinas (Voir Giret.)

Winkler.

Revue synoptique des principaux vignobles de l'univers. In-folio de 32 pages ou tableaux . . . . 3 »

ABEILLES — MURIERS — SOIE — VERS A SOIE

Bastian (F.)

Abeilles (Les). Traité d'apiculture rationnelle et pratique. 1 v. in-18 orné de 49 gravures 3 50

Blain.

Vers à soie du chêne (Notice pratique pour servir à l'éducation du). 1 brochure in-18 de 20 pages . . . . 1 »

Boullenois (De).

Vers à soie (Conseils aux nouveaux éducateurs de). 2ᵉ édition. 1 vol. in-8 de 224 pages et 2 planches 3 50

Boyer et Labaume.

Mûrier (Culture du). 150 pages, 3 planches . . . . . . 3 »

Charrel.

Mûrier (Manuel du cultivateur de). 1 v. in-8 de 268 p. 1 75

Chavannes (De).

Mûrier. Manière de cultiver le mûrier avec succès dans le centre de la France. 1 vol. in-8 de 130 pages. 1 25

Debeauvoys.

Apiculteur (Guide de l'). 6e édition. 1 vol. in-12 de 340 pages, avec fig. 2 50

Duseigneur.

Cocons et graines d'Italie. 16 pag. in-8. . . . . 1 »

Girard (Maurice).

Entomologie appliquée. Les insectes utiles (vers à soie et abeilles) et les insectes nuisibles. In-8 de 39 pages. 1 50

Givelet.

Ailante et son bombyx (L'). Culture de l'ailante, éducation du ver que cet arbre nourrit, valeur et emploi de la soie qu'on en tire. Ouvrage orné de plusieurs plans et de 14 planches coloriées. . 5 »

Guérin-Menneville.

Muscardine. In-8 de 186 pages. . . . . 5 »

Lefèvre (Em.).

Abeilles à propos de la ruche Krug (Les). 1 vol. in-18 de 72 pages . . . . » 75

Masquard (Eug. de).

Maladies des vers à soie (Les). Causes, nature et moyens de les prévenir. 1 vol. in-8 d'environ 300 p. L'ouvrage se compose de 3 parties. 1re partie, historique. 2e partie, théorie. 3e partie, pratique. Prix de l'ouvrage complet. 3 50
En vente : 1re partie et documents. 1 75

Personnat.

Ver à soie du chêne (Conférence sur le). (Bombyx Yama-maï); donnée au Palais de l'Industrie de Paris, le 28 août 1865. . . 1 »

Ver à soie du chêne (Le) à l'Exposition universelle de 1867. Insectes utiles vivants. Br. in-8 avec grav. . . . . . . 1 »

Ver à soie du chêne (Le), bombyx Yama-maï. son histoire, son acclimatation, son éducation, ses produits. 4e éd., in-8 avec 3 pl. col. 5 »

Roux.

Vers à soie (Les). 1 vol. in-12 de 245 pages. 1 25

Sagot (Abbé).

Petit traité spécial de la culture des abeilles avec l'aumônière ruche à cadres et greniers mobiles. In-18, figures. . . 1 »

Société séricicole.

Société séricicole (Annales de la), pour la propagation et l'amélioration de l'industrie de la soie. 15 vol. grand in-8 et 15 planches. La collection complète. . . . . 175 »

Vers a soie.

Vers à soie. *Régénération. — Cause de l'épidémie. — Moyen de la combattre,* par un piocheur. 3e édition. In-8, 31 p. . . . . . . 2 »

BOIS — FORÊTS — CHARBON

Arbois de Jubainville (D').

Assolements forestiers (Utilité des). In-8 de 48 pages 2 »
Balivage (Règlement du) dans une forêt particulière. 1 brochure in-8 de 64 pages. . . . . 2 »

Défrichement des forêts (Manuel du). In-8 de 184 p.   4 50
Taillis sous futaie (Recherches sur les). In-8 de 57 pages
et 2 pl.. . . . .   2 »
Vente des forêts de l'État (Observations sur la). In-8.   » 50
     Burger.
Chêne de marine (Principes de culture du). In-8 de 64 p.   1 50
     Clavé.
Économie forestière (Études sur l'). 1 volume in-18 de
380 pages. 3 50
     Courval (Vicomte de).
Arbres forestiers (Conduite et taille des). In-8 de 110 p.
et 15 planches. . . . .   3 »
     Dubois.
**Charrue forestière, travaux de reboisement exécutés
dans le Blésois.** 1 brochure in-8 de 84 p. . . . .   2 »
Futaies de chêne (Considérations culturales sur les).
1 brochure in-8 de 42 pages 1 50
     Grandvaux.
Reboisement des montagnes de France. In-8 de 50 p.   » 75
     Gurnaud.
Bois de l'État et la dette publique (Les). 16 p.   » 75
Forêts de l'État (Conserver les) et réaliser le matériel surabon-
dant. 1 brochure in-8 de 64 pages. . . . .   2 »
Forêts (Mémoire sur la gestion des). In-8 de 32 p.   1 50
     Joubert.
Reboisement de la France (Du). In-8. . . . .   1 50
     Lyon.
**Éléments de procédure correctionnelle à l'usage des
agents forestiers.** In-8 de 27 pages. . . . .   1 »
     Moitrier.
Osier (Culture de l'), et art du vannier. 2ᵉ édition. 60 pages et
3 planches. 2 50
     Nanquette.
Cours d'aménagement des forêts, professé à l'École impériale
forestière. 1 volume in-8 de 327 pages.. . . . .   6 »
     Ribbe (De).
Provence (La), au point de vue des bois, des torrents et des inondations. 1 vol. in-8 de 200 pages. . . . .   3 »
     Rousset.
Études de maître Pierre sur l'agriculture et les forêts.
1 volume in-18 de 92 pages. . . . .   1 »
     Samanos.
Pin maritime (Culture du). 1 volume in-8 de 150 pages et
4 planches. . . . .   3 »
     Thomas.
**Bois (Traité général de la culture et de l'exploitation
des).** 2 volumes in-8. . . . .   10 »
     Vincelot (L'abbé).
Réhabilitation du Pic-Vert ou réponse aux observations d'un propriétaire sur l'utilité du Pic. 3ᵉ édit. Gr. in-8, 96 p. 1 50

ÉCONOMIE DOMESTIQUE — CUISINE

Bréviaire des gastronomes. Aide-mémoire pour ordonner les repas. 1 volume in-16 de 186 pages. . . . . 1 »

Cuisinière de la campagne et de la ville (La), par L. E. A. 1 volume in-12 avec figures. 42ᵉ édition. . . . . 3 »

DELAMARRE.

Vie à bon marché (La). 2ᵉ édit. 1 vol. in-12 de 708 p. . 3 50

EMION (V.).

Taxe (La) du pain, avec préface par V. Borie. In-8 de 108 p. 4 fr.

LECLERC.

Caisse d'épargne et de prévoyance. Lettres à un jeune laboureur. 3ᵉ édition. In-12 de 60 pages. . . . . » 25

MARTIN (DE).

Fromages (Études sur la fabrication des), fermentation caséique. Grand in-8 de 60 pages. 1 50

MICHAUX (Mᵐᵉ).

La cuisine de la ferme. 1 vol. in-18 de 180 p. (Bibl. du Cult.) 1 25

MILLET-ROBINET (Mᵐᵉ).

Bon domestique (Le). 1 volume in-12 de 204 pages. . . 2 »

Conseils aux jeunes femmes. Vol. in-18 de 284 p. et 50 gr. 3 50

Économie domestique. (Bibl. du Cultiv.) 3ᵉ édition, 245 pages et 78 gravures. 1 25

Maison rustique des dames. 2 volumes in-12, formant 1400 pag, avec 260 gravures, 7ᵉ édition, revue et augmentée 7 75

Cet ouvrage est divisé en quatre parties :

TENUE DU MÉNAGE	MÉDECINE DOMESTIQUE
Travaux. — Repas. — Comptabilité — Dépenses. — Mobilier. — Linge. — Conserves — Blanchissage.	Pharmacie. — Hygiène. — Maladies des enfants. — Médecine et Chirurgie. — Empoisonnement. — Asphyxie.
CUISINE	JARDIN — FERME
Potages. — Sauces. — Viandes. — Poissons. — Gibier. — Légumes. — Fruits — Purée. — Entremets. — Desserts. — Bonbons.	Jardins, Potagers, Fruitiers, Fleurs, etc. Ferme, Travaux des champs. — Basse-cour, Vacherie, Laiterie. — Bergerie Porcherie.

Maison rustique des Enfants. 1 vol. in-4 de 320 p.; nombr. fig. dans le texte et hors texte. Prix broché. . . . . 15 »
Richement relié. . . . . 20 »

SQUILLIER.

Denrées alimentaires (Traité populaire des) et de l'alimentation. 1 vol. in-12 de 432 pages. . . . . 3 »

THOMAS.

Manuel des halles et marchés en gros. Guide de l'approvisionneur, de l'acheteur et des employés aux divers services de l'alimentation de Paris. 1 vol. in-12 de 316 pages. . . . . 3 »

VACCA (E.).

Fromages dits de géromé (Fabrication des). Br. in-8. » 50

VILLEROY.

Laiterie, beurre et fromages. In-18 de 390 p. et 59 grav. 3 50

JOURNAUX — PUBLICATIONS PÉRIODIQUES

6ᵉ ANNÉE. — 1869

GAZETTE DU VILLAGE

Fondée par VICTOR BORIE

Rédacteur en chef : Eugène LIÉBERT

PARAISSANT TOUS LES DIMANCHES

Prix d'abonnement, rendu *franco* à domicile : un an.. . 6 fr.
—   —   six mois.. 3 fr. 50

10 centimes le numéro

Ce journal, contenant 8 pages à deux colonnes, format des journaux littéraires illustrés, publie, chaque semaine, des articles ayant pour but de mettre à la portée de toutes les intelligences les notions élémentaires d'économie rurale, les meilleures méthodes de culture, les inventions nouvelles ; de faire connaître les principales industries et les procédés employés par elles ; de populariser les voyages entrepris dans des contrées lointaines ; de raconter la vie des hommes utiles à l'humanité, et de tenir enfin les lecteurs au courant de tout ce qui se passe d'intéressant dans le monde industriel et agricole.

Il donne, en outre, un grand nombre de faits, recettes, procédés divers utiles aux cultivateurs et aux ouvriers.

Une partie du journal, consacrée aux *lectures du soir*, contient un roman choisi avec la sollicitude la plus scrupuleuse.

Instruire et moraliser sans ennui, tel est le programme de la *Gazette du village*.

	En vente :		
1ʳᵉ année 1864.............	4	»
2ᵉ — 1865.............	4	»
3ᵉ — 1866.............	4	»
4ᵉ — 1867.............	4	»
5ᵉ — 1868 (épuisée)	»	»

On s'abonne à Paris, rue Jacob, 26, en envoyant un mandat de SIX francs sur la poste. (Les frais de ce mandat ne sont que de 6 centimes.

41ᵉ ANNÉE — 1869

REVUE HORTICOLE

JOURNAL D'HORTICULTURE PRATIQUE

FONDÉE EN 1829 PAR LES AUTEURS DU BON JARDINIER

Rédacteur en chef : E. CARRIÈRE

Chef des pépinières au Muséum d'histoire naturelle

PRINCIPAUX COLLABORATEURS :

D'Airolles, André, Bailly, Baltet, Boncenne, Bossin, Bouscasse, Carbou, Chabert, Chauvelot, Denis, de la Roy, Doumet, du Breuil, Durupt, Ermens, Gagnaire, Glady, Gloede, Groenland, Guillier, Hardy, Houllet, Kolb, Lachaume, de Lambertye, Lecoq, Lemaire, André Leroy, Martins, de Mortillet, Naudin, Neumann, d'Ounous, Pépin, Quetier, Rafarin, Robine, Sisley, Verlot, Vilmorin, etc.

PRIX DE L'ABONNEMENT POUR LA FRANCE ET L'ALGÉRIE

Un an (janvier à décembre) : 20 fr.

La **Revue horticole** est envoyée *franco* contre le payement du montant de l'abonnement, d'une des trois façons suivantes :

Envoi d'un mandat sur la poste	Envoi en timbres-poste	Envoi de l'autorisation à MM. les Administrateurs de faire traite
Un an. . . . 20 »	Un an. . . . 20 80	Un an. . . . 20 90
Six mois. . 10 50	Six mois.. . 10 50	Six mois... 11 40

Adresser les mandats de poste, timbres-poste, autorisations de traite, à MM. Bixio et Cᵉ, 26, rue Jacob, à Paris.

PRIX DE L'ABONNEMENT D'UN AN POUR L'ÉTRANGER

Franco jusqu'à destination.		*Franco jusqu'à leur frontière.*	
Italie, Belgique et Suisse. . . .	20 fr.	Grèce.	23 fr.
Angleterre, Egypte, Espagne, Pays-Bas, Turquie, Allemagne, Autriche.	23	Suède..	25
		Pologne, Russie.	25
Colonies françaises, Montevideo, Uruguay.	25	Buenos Ayres, Canada, Colonies anglaises et espagnoles, Etats-Unis, Mexique..	25
Etats-Pontificaux..	24	Bolivie, Chili, Nouvelle-Grenade, Pérou, Java.	29
Brésil, Iles Ioniennes, Moldo-Valachie..	26		
Portugal.	24		

N. B. La *Librairie agricole* envoie un numéro spécimen de la *Revue horticole* à toute personne qui lui en fait la demande.

33ᵉ ANNÉE — 1869

JOURNAL

D'AGRICULTURE PRATIQUE

MONITEUR DES COMICES, DES PROPRIÉTAIRES ET DES FERMIERS

(Seconde partie de la *Maison rustique du dix-neuvième siècle*)

Fondé en 1837 par Alexandre Bixio

Rédacteur en chef : E. LECOUTEUX

Propriétaire-Agriculteur

MEMBRE DE LA SOCIÉTÉ IMPÉRIALE ET CENTRALE D'AGRICULTURE DE FRANCE

Secrétaire de la rédaction : M. A. de CÉRIS
Gérant responsable : M. Maurice BIXIO

PRINCIPAUX COLLABORATEURS :

MM. Bouley, Boussingault, Brongniart, Combes, H. Deville, Duchartre, Dumas, Michel Chevalier, Naudin, Payen, Wolowski, etc.,

Membres de l'Institut,

MM. Amédée Durand, Béhague (de), Bella, Boris, Bouchardat, Dampierre, Drouyn de Lhuis, Gayot, Guérin-Menneville, Heuzé, Kergorlay (de), Magne, Moll, Nadault de Buffon, Reynal, Robinet, Vibraye (de), Vogué (de), etc.,

Membres de la Société impériale et centrale d'agriculture,

Et un nombre considérable d'agriculteurs, de savants, d'économistes, d'agronomes de toutes les parties de la France et de l'étranger.

Ce journal est autorisé à traiter les matières d'économie politique et sociale. Il paraît toutes les semaines par livraison de 40 pages in-8

FORMANT CHAQUE ANNÉE

DEUX BEAUX VOLUMES ENSEMBLE DE 1,700 A 2,000 PAGES

Avec de belles gravures noires dans le texte

PRIX DE L'ABONNEMENT POUR LA FRANCE ET L'ALGÉRIE

La **Journal d'agriculture pratique** est envoyé *franco* contre le payement du montant de l'abonnement d'une des trois façons suivantes :

Envoi d'un mandat sur la poste	Envoi en timbres-poste	Envoi de l'autorisation à MM. les Administrateurs de faire traite
Un an . . . . 20 »	Un an 20 80	Un an . . . 20 90
Six mois . . . 10 50	Six mois . . . 10 90	Six mois . . . 11 40

Adresser les mandats de poste, timbres-poste, autorisations de traite, à MM. Bixio et Cᵉ, 26, rue Jacob, à Paris.

PRIX DE L'ABONNEMENT D'UN AN POUR L'ÉTRANGER

Franco jusqu'à destination.	*Franco jusqu'à leur frontière.*
Italie, — Belgique et Suisse. . 20 fr.	Grèce, — Suède. . . . . 28 fr.
Angleterre, — Égypte, — Espagne, — Pays-Bas, — Turquie. 25	Pologne, — Russie. 52
Allemagne, — Autriche. — Portugal. 27	Buenos Ayres, — Canada, — Colonies anglaises et espagnoles, — Etats-Unis, — Mexique,—
Colonies françaises, — Montevideo, — Uruguay. 50	Bolivie, — Chili, — Nouvelle-Grenade, — Pérou, — Java. . 55
Etats-Pontificaux. 28	
Brésil, — Iles Ioniennes, — Moldo-Valachie. 55	

N. B. L'administration envoie un numéro spécimen du *Journal d'agriculture pratique* à toute personne qui lui en fait la demande.

2ᵐᵉ *année.*— 1869

LES

NOUVELLES MÉTÉOROLOGIQUES

PUBLIÉES SOUS LES AUSPICES

DE LA SOCIÉTÉ MÉTÉOROLOGIQUE DE FRANCE

COMMISSION DE RÉDACTION :

MM. **ANTOINE D'ABBADIE**, président.
L. SONREL, secrétaire.
Ch. SAINTE - CLAIRE - DEVILLE, **MARIÉ - DAVY**,
GUILLEMIN.

Les Nouvelles météorologiques paraissent le 1ᵉʳ de chaque mois par livraisons de 32 pages.

PRIX DE L'ABONNEMENT POUR LA FRANCE ET L'ALGÉRIE :

Un an : 15 fr.

PRIX DE L'ABONNEMENT D'UN AN POUR L'ÉTRANGER :

Les frais de poste en sus de 15 fr.

On s'abonne à Paris, à la Librairie agricole, rue Jacob, 26, en envoyant un mandat de poste de 15 francs pour la France et les colonies, et les frais de poste en sus pour l'étranger.

1ʳᵉ ANNÉE 1869

JOURNAL DES FERMES ET DES CHATEAUX

Revue spéciale des branches accessoires de l'agriculture : Basse-cour, api-culture, sériciculture, culture des eaux, faisanderie, acclimatation, art vétérinaire, etc. Publié avec le concours de la société zootechnique du département de Seine-et-Oise, rédacteur en chef : M. J. PELLETAN.
Le *Journal des Fermes et des Châteaux* paraît le 1ᵉʳ et le 16 de chaque mois.
Prix de l'abonnement : 10 fr. par an, pour toute la France.
POUR L'ÉTRANGER, LES FRAIS DE POSTE EN SUS.

ENSEIGNEMENT PRIMAIRE AGRICOLE

BIBLIOTHÈQUE AGRICOLE DES ÉCOLES PRIMAIRES
à 75 centimes le volume

BONCENNE.
Horticulture (Cours élémentaire d'). 2 vol. in-18, formant ensemble 312 pages avec 85 grav. 1 50
BORIE (V.)
Jeudis de M. Dulaurier (Les). 2 vol. in-18 de chacun 126 pages et 40 gravures. 1 50
J. CHALOT.
Devoirs de l'homme envers les animaux. in-16 de 128 p. » 75
DOUAY (EDM.)
Grammaire française raisonnée, avec exemples agricoles 1 vol. in-18 de 128 pages . . . . » 75
Alphabet et syllabaire. 1 vol. in-16, orné de vignettes . » 75
Tableau alphabet. In-plano. . . . . » 35
HEUZÉ (G.).
Lectures et dictées d'agriculture, revues et annotées. 1 vol. in-18 de 128 pages. . . . . » 75
LAURENÇON (C.)
Traité d'agriculture élémentaire et pratique. 2 vol. in-18 avec figures 1 50
LEFOUR.
Arithmétique agricole (*sous-presse*). In-16 de 128 p., avec gr. » 75
MEPLAIN ET TAIZY.
Histoire du grand Jacquet, métayer, livre de lecture, 1 vol. in-18, avec gravures.. . . . . » 75
VIDAL.
Loisirs (Les) d'un instituteur, 1 vol. in-8, 128 p. . . . . » 75

Sept tableaux muraux pour l'enseignement agricole.
1° Outils de main-d'œuvre ; — 2° instruments d'extérieur de ferme ; 3° Instruments d'intérieur de ferme ; — 4° plantes alimentaires et in-dustrielles ; — 5° plantes fourragères ; — 6° arbres fruitiers et fores-tiers ; — 7° animaux domestiques.
Chaque feuille ou tableau, 30 cent.; — les sept tableaux, 1 fr. 80 c.
— port en sus pour la province.
VILLE (GEORGES).
École (L') des engrais chimiques. Premières notions de l'emploi des agents de fertilité. In-12, 100 p. et 1 pl. . . . . 1 »
HALPHEN.
Lectures choisies pour les campagnes. In-18, 106 p. » 50

BIBLIOTHÈQUE DU CULTIVATEUR
Publiée avec le concours du Ministre de l'agriculture
36 volumes in-18, à 1 fr. 25 le volume

Agriculteur commençant (Manuel de l'), par Schwerz, traduit par Villeroy. 5e édit., 352 pages.. . . . . 1 25
Animaux domestiques, par Lefour. 1 vol. in-18 de 162 pages et 33 gravures.. . . . . 1 25
Basse-cour, pigeons et lapins, par Mme Millet-Robinet, 5e édit., 180 p., 31 gravures. 1 25
Bêtes à cornes (Manuel de l'éleveur de), par Villeroy. 300 pages et 60 gravures. 1 25
Calendrier du métayer, par Damourette, 180 p.. . . . . 1 25
Champs et prés (Les), par Joigneaux, 140 pages. 1 25
Cheval (Achat du), par Gayot. 1 vol. de 180 pages et 25 grav. 1 25
Cheval, âne et mulet, par Lefour. 1 vol. de 176 p. 141 gr. 1 25
Cheval percheron, par du Hays. 176 pages. 1 25
Choux (culture et emploi), par Joigneaux. 1 vol. in-18 de 180 pages et 14 gravures. 1 25
Comptabilité et géométrie agricoles, par Lefour. 214 pages et 104 gravures.. . . . . 1 25
Constructions et mécaniques agricoles, par Lefour, 216 pages et 151 gravures. 1 25
Cuisine (La) **de la ferme,** par Mme Michaux. 180 pages. . 1 25
Culture générale et instruments aratoires, par Lefour. 1 vol. in-18 de 160 pages et 155 gravures. 1 25
Économie domestique, par Mme Millet-Robinet. 3e édit., 245 pages et 78 gravures.. . . . . 1 25
Engraissement du bœuf, p. Vial. 1 v. in-18 de 100 p. et 12 g. 1 25
Fermage (estimation. baux, etc.), par de Gasparin, 3e éd. 216 p. 1 25
Fumiers de ferme et composts, par Fouquet. 2e éd. 176 pages et 19 gravures. 1 25
Fumures et des étendues de fourrages (Les formules des). par Gustave Heuzé. 2e édition, 68 pages.. . . . . . 1 25
Houblon. par Erath, traduit par Nicklès. 136 pages et 22 grav. 1 25
Lièvres. lapins et léporides, par Eug. Gayot. 216 p.. 15 g. 1 25
Maréchalerie ou Ferrure des animaux domestiques, par Sanson. 1 vol. de 180 pages et 27 grav.. . . . . 1 25
Médecine vétérinaire (Notions usuelles de), par Sanson. 1 vol. de 180 pages et 13 grav.. . . . . 1 25
Métayage, par de Gasparin. 2e édition. 162 pages. 1 25
Moutons (Les), par A. Sanson, 1 vol. in-18 de 180 p. et 56 gr. 1 25
Noyer (Le), sa culture, par Huard du Plessis. 2 édit. 1 vol. in-18 de 175 pages et 45 gravures. 1 25
Olivier (L'), par Riondet. 1 vol. de 139 pages.. . . . . . 1 25
Pigeons, dindons, oies et canards, par Pelletan, 1 vol. avec 20 figures.. . . . . 1 25
Plantes oléagineuses (les), par Gustave Heuzé, 1 vol. in-18, 180 pages, nombr. gravures. 1 15
Plantes racines, par Ledocte. 1 vol. 230 et 24 gravures.. . 1 25
Poules et œufs, par E. Gayot. 1 vol. de 208 pages et 35 gr. 1 25
Races bovines, par Dampierre. 2e édit. 196 pages et 28 gr. 1 25
Sol et engrais, par Lefour. 180 pages et 54 gravures . . . 1 25
Tabac (Le), moyens d'améliorer sa culture, par Schlœsing et Grandeau. 1 vol. avec tableaux. 1 25

Travaux des champs, par Victor Borie. 188 p. et 121 gr.   1 25
Vaches laitières (Choix des), par Magne. 144 p. et 39 gr. .   1 25

SOUS PRESSE :

Arbres à cidre, par J. Oudin.
Chèvre (La), par Huard du Plessis.
Culture des abeilles, par J. Pelletan.
Huiles de graines et tourteaux, par Huard du Plessis.
Chacun de ces volumes est vendu séparément.

BIBLIOTHÈQUE DU JARDINIER
Publiée avec le concours du Ministre de l'agriculture
17 volumes in-18 à 1 fr. 25 le volume

Arbres fruitiers. Taille et mise à fruit, par Puvis. 2ᵉ édition. 167
pages. 1 25
Arbrisseaux et arbustes d'ornement de pleine terre, par
Dupuis. 122 p. et 25 grav. 1 25
Asperge. Culture, par Loisel. 2ᵉ édit. 108 p. et 8 grav. 1 25
Cactées (Les), par Ch. Lemaire, 140 p. 11 grav. 1 25
Conférences sur le jardinage (légumes et fruits) 2ᵉ édition,
par Joigneaux. 152 pages. 1 25
Culture maraîchère pour le midi de la France, par
A. Dumas. 2ᵉ édition. 144 pages. 1 25
Jardins et parcs, par de Céris. 1 vol. in-18 avec 60 grav. . .   1 25
Melon. Culture, par Loisel. 5ᵉ édition. 108 pages et 7 grav. . . .   1 25
Orchidées, par Delchevalerie. 1 vol., avec 32 figures. 1 25
Pelargonium, par Thibaut. 2ᵉ édit. 108 pag. et 10 grav. . . .   1 25
Pensée (Culture de la), par le baron de Ponsort. 1 volume de 108
pages. 1 25
Pépinières, par Carrière. 148 pages et 30 gravures. 1 25
**Pétunia — Rosier — Pensée — Primevère — Auricule —
Balsamine — Violette — Pivoine,** par Marx-Lepelletier. 108
pages. 1 25
Pincement court ou Pincement des feuilles, 2ᵉ édition, par
Grin. 1 25
Plantes grasses autres que Cactées, par Ch. Lemaire.   1 25
Plantes de serre chaude et tempérée, par Delchevalerie.   1 25
Potager (Le), jardin du cultivateur, par Naudin. 187 p., 34 gr.   1 25

SOUS PRESSE :

Arbres d'ornement de pleine terre, par Dupuis.
Arbustes verts; conifères, par Dupuis.
Broméliacées, par Morren.
Camélias. Azalées, Rhododendrons, par Ch. Lemaire.
Dahlias, Reines Marguerites, Chrysanthèmes, par E. Touzé.
Fougères (Les), par Ch. Lemaire.
Fraisiers, framboisiers et groseilliers, par Robine aîné.
Fruits (Cueillette et conservation des), par Personnat.
Graines et semis, par J. Groenland.
Haies vives, défensives et ornementales, par Hélye.
Palmiers (Les), par Ch. Lemaire.
Phlox. Glaïeuls, par Personnat.

Plantes à feuillage cultivées pour appartements, par Delchevalerie.

Plantes à fleurs cultivées pour appartements, par Delchevalerie.

Plantes aquatiques, par E. Touzé.

Plantes bulbeuses ordinaires, par Bossin.

Plantes d'appartement, par J. Groenland.

Plantes de plates-bandes rustiques, par E. Touzé.

Plantes grimpantes rustiques, par Verlot.

Plantes pittoresques ou à feuillage ornemental, par Ch. Lemaire.

Rosier : Culture et multiplication, par Lachaume.

Chacun de ces volumes est vendu séparément.

TABLE ALPHABÉTIQUE DES NOMS D'AUTEURS.

L'astérisque indique la répétition du nom de l'auteur dans la même page.

Alliot 4.
Allix (Dr.), 4.
André, 19, 29.
Arbois (D') de Jubainville, 23.
Ayrault, 16.
Bailly, 3, 19, 29.
Baron, 19.
Barral, 4, 14**.
Bastian, 24.
Bengy-Puyvallée (De), 19.
Benion, 16.
Benoît, 14.
Berlèse (Abbé), 19.
Bertin (Am.), 4.
Bertin, 14.
Bixio, 5, 30.
Blain, 24.
Bobierre, 12. 33.
Bodin, 4.
Bona, 15.
Boncenne, 19, 29, 32.
Bonnier, 4**.
Borie, 4, 16, 28, 30, 32, 34.
Bortier, 12, 14.
Bossin, 19, 29, 35.
Bost, 4.
Bouley, 16.
Boullenois (De), 24.
Boyer, 24.
Bravy, 19.
Bray (De), 4.
Breton, 5**.
Brustlein, 14.
Bujault (Jacques), 5.
Burger, 26.
Cancalon, 5.
Carpentier, 5.
Carrière, 19**, 23, 29, 34.
Cartier, 12.
Casanova, 10, 15.
Céris (De), 4, 19, 30, 34.

Chalot, 32.
Charlier, 16.
Charrel, 24.
Chavannes (De), 23.
Chevalier, 8.
Clavé, 26.
Clément Prieur, 25.
Cobergher, 5, 14.
Collignon d'Ancy, 23.
Corenwinder, 5.
Courval (De) 26.
Daignaud, 16.
Dalloz, 14.
Damey, 15.
Damourette, 5, 33.
Dampierre (De), 16, 30, 33.
Danilewski, 14.
Debeauvoys, 23.
Decaisne, 20, 21.
Delacroix, 14.
Delamarre, 27.
Delchevalerie, 20*, 34, 35**.
Destremx de Saint-Cristol, 5.
Dezeimaris, 5.
Deville (Ch. Ste-Claire,) 31.
Dombasle (De), 5******.
Douay, 32.
Doyère, 5**.
Dralet, 6.
Dreuille (De), 6.
Dubois, 26.
Duchartre, 20, 30.
Dugué, 6.
Dumas, 20, 30, 34.
Dupuis, 20, 34**.
Durrieux, 6.
Duseigneur, 23.
Duvillers, 20.
Emion, 5, 27.
Erath, 6.

Estancelin, 6.
Falloux (De), 6.
Flaxland, 6*, 16.
Fouquet, 12, 35.
Frilet, 6.
Garnier, 25.
Gasparin (De), 6***, 35*.
Gaucheron, 6.
Gaudry, 20.
Gaultier, 6.
Gayot (E.), 4, 17*, 30, 35**.
Geoffroy Saint-Hilaire, 17.
Girard (Maurice), 25.
Girardin (J.), 6.
Giret, 23.
Givelet, 25.
Gouvello (de), 7.
Gourcy (De), 6.
Goux, 7, 17.
Grandeau, 4, 7*, 12, 35.
Grandvaux, 26.
Grandvoinnet, 4, 15.
Gris, 20, 34.
Groenland, 29, 35*.
Grousseau (De), 7.
Guérin-Menneville, 23, 25, 30.
Guillon, 7**.
Guillory, 25.
Garnaud, 26**.
Gustave (D.), 7.
Guyot (Jules), 23****.
Guyton, 17.
Halphen, 32.
Hardy, 20.
Havrincourt (D'), 7.
Hays (Du), 17, 33.
Hecquet d'Orval, 7.
Hélie, 34.
Harincq, 20.
Heuzé, 4, 7*, 12*, 17, 25, 30, 32, 33, 34.

Hooïbrenk, 7.
Huard du Plessis, 20, 33, 34*.
Jacque (Ch.), 17.
Jacquemart, 12.
Jacques, 20.
Jacquin, 20.
Jamet, 8.
Jauffret, 12.
Jeandel, 14.
Jobard Bussy, 25.
Joigneaux, 8*, 14, 20*, 33*, 34.
Joubert, 8**, 26.
Juillet, 17.
Kaindler, 8.
Kergorlay (De), 15, 30.
Labaume, 24.
Labouret, 21.
Lachaume, 21*, 33.
Lahaye, 21.
Laliman, 25.
Lambot-Miraval, 14.
Lamoricière (Général), 17.
Lanry, 21.
Lartet, 8.
Laterrade, 8.
Laurençon, 8, 32.
Laveleye, 8.
Lavergne (De), 8***.
Lavergne (B.), 8.
Lebois, 21.
Le Canu, 23.
Leclerc, 27.
Leclerc (Louis), 14.
Lecoq, 8, 21*.
Lecouteux, 4, 8**, 30.
Le Docte, 8, 33.
Lefebvre, 9.
Lefebvre (Em.), 25.
Lefour, 9**, 12, 13, 17*, 32, 33*****.
Lemaire, 21*, 34**, 33**.
Le Maout, 21.
Léon, 9.
Léouzon, 9.
Leplay, 9.
Le Roy, 18.
Leroy, 9.
Leroy (André), 21, 29.
Leroy (Louis), 21.
Leusse (De), 25.
Liébert, 4, 28.
Liebig (De), 9.
Liron (De) d'Airolles, 21*.
Loisel, 21, 22, 34*.
Louvel, 9.
Lullin de Châteauvieux, 9.
Lurieu (De), 9.
Lyon, 26.
Machard, 25.
Magne, 18, 30, 34.
Magnier, 9.

Malpeyre, 3.
Marie (Eug.), 4.
Marié Davy, 13, 31.
Martin (De), 13, 24*, 27.
Martin, 14.
Martinelli, 9.
Martres, 9.
Marx-Lepelletier, 22, 34.
Masquard (De), 25.
Masure, 9.
Mège-Mouriès, 13.
Méhoust, 9*.
Menet, 22.
Méplain, 32.
Mesnil-Marigny (Du), 10.
Michaux (A.), 24.
Michaux (Mme), 27, 33.
Midy, 10, 14.
Millet-Robinet (Mme), 10, 18, 27****, 33*.
Moitrier, 26.
Moll, 10, 18, 30.
Monny (De) Mornay, 14, 30.
Morel, 22.
Morren, 34.
Mouls, 15.
Muller, 15.
Nanquette, 26.
Naudin, 20, 22, 29, 30, 34.
Neumann, 19, 29.
Nicklès, 33.
Nivière, 10, 15.
Noisette, 22.
Odart, 24*.
Okorski, 13.
Oudin, 34.
Papier, 10.
Passy, 14.
Paté, 10.
Pellault, 15.
Pelletan, 18, 32, 33, 34.
Pepin, 19.
Pépin-Lehalleur, 10, 16.
Perret, 10, 24.
Perrin de Grandpré, 10.
Personnat, 25**.
Personnat fils, 34.
Petit-Laffitte, 10, 15.
Pichat, 10.
Piérard, 13.
Pierre, 13*.
Planet (De), 16.
Poiteau, 19.
Ponce, 22.
Ponsort (De), 22, 34.
Préclaire, 22.
Puvis, 15, 22, 34.
Rafarin, 22, 29.
Rampont-Lechin, 4.
Rancy (E. de Granges de), 40.
Raoul, 22.

Rauch, 18.
Rémy, 22.
Renou, 13.
Ribbe (De), 26.
Richard, 10.
Richard (du Cantal), 18.
Riondet, 10*, 22, 33.
Robine, aîné, 29, 34, 35.
Robinet, 24, 30.
Rochussen, 10.
Romand, 9.
Rondeau, 10.
Ronna (A.), 4, 13*, 18.
Rousset, 26.
Roux, 25.
Royer, 10*.
Sacc, 13.
Sagot (L'Abbé), 25.
Saint-Aignan, 10.
Saint-Martin, 11, 16.
Saintoin-Leroy, 11*.
Saive (De), 18.
Salle, 18.
Samanos, 26.
Sanson, 18**, 33**.
Schlœsing, 7, 11, 34.
Swarts, 9.
Schwerz, 11, 12* 33.
Segouin, 18.
Seillan, 24.
Sers, 11*, 13.
Squillier, 27.
Stockhardt, 11, 13.
Taizy, 32.
Tapié, 11.
Terrel des Chênes, 24.
Thackeray, 13.
Thibaut, 22, 34.
Thomas, 26, 27.
Thomas (E.), 12.
Touaillon, 16.
Touzé, 34*, 35*.
Vacca (E.), 27.
Vergne (De la), 24.
Vergnette-Lamotte (De), 24.
Verlot, 29, 34, 35.
Vial, 18*, 33.
Vidal, 32.
Vigneral (De), 12.
Vignial, 24.
Vignotti, 13.
Ville, 12**, 13*, 14*, 32.
Villeroy, 12, 13*, 18, 27, 33*.
Vilmorin, 12, 19, 20.
Vinas, 23, 24.
Vincelot (L'Abbé), 22, 26.
Virebent, 13.
Vitard, 15.
Winckler, 24.
Young (Arthur), 12.
Zweifel, 12.